航空维修安全研究丛书

航空维修安全导论

主　编　姜明远　马震宇
副主编　卫志术　姜苈峰　李　雪
编　委　李　鸣　史　明　胡东升　李　雷
　　　　王　蕾　仇　潇　邓　力　李甡甡
　　　　秦翔宇　黄兴家　胡英俊　刘　涛
　　　　张志伟　马尚柏　刘　铭　赵华伟

国防工业出版社
·北京·

内 容 简 介

本书在系统研究了航空维修安全的科学内涵、哲学思想、基本观念等内容的基础上,深入探究了航空维修安全的特点规律、理论方法、工程技术、管理控制、安全文化建设等航空维修安全基本问题,希冀为航空维修安全领域提供一本融合理论与实践,系统性、应用性和可操作性强,既可作为航空维修工程专业本科生、研究生的教材或参考书,也可供从事航空维修安全管理工作人员和机务工作者学习使用的理论书籍。

图书在版编目(CIP)数据

航空维修安全导论/姜明远,马震宇主编. —北京:国防工业出版社,2014.3
(航空维修安全研究丛书/张楠主编)
ISBN 978-7-118-08823-6

Ⅰ.①航⋯　Ⅱ.①姜⋯②马⋯　Ⅲ.①航空器－维修－研究　Ⅳ.①V267

中国版本图书馆 CIP 数据核字(2014)第 042164 号

※

国防工业出版社出版发行

(北京市海淀区紫竹院南路 23 号　邮政编码 100048)
北京嘉恒彩色印刷有限公司
新华书店经售

＊

开本 710×960　1/16　印张 12¾　字数 214 千字
2014 年 3 月第 1 版第 1 次印刷　印数 1—2500 册　定价 36.00 元

(本书如有印装错误,我社负责调换)

国防书店:(010)88540777　　发行邮购:(010)88540776
发行传真:(010)88540755　　发行业务:(010)88540717

《航空维修安全研究丛书》
编写委员会

序一

　　航空维修安全是航空安全的重要组成部分,航空维修安全工作在航空维修工作中的地位作用十分重要。航空维修安全工作要以系统理论作指导,预防航空维修事故要遵循该行业领域的特点规律。

　　《航空维修安全导论》、《航空维修安全分析与评价》、《航空维修差错管理与控制》、《航空维修事故预防与监控》和《航空装备危险源管理》五本书,从航空维修安全理论、思想、技术、方法、管理、文化,到航空维修差错因素分析、控制方法、管理理论、事故预防、事故处理,以及航空维修危险性分析、安全性评价、综合性评估和航空装备危险源辨识、管理、控制、预警机制研究等全方位入手,紧紧围绕航空维修安全这条主线,在安全科学理论的指导下,进行深入的故障机理和人为差错机理研究,为提高航空维修安全工作的针对性和有效性奠定理论基础;在安全发展科学方法的支持下,对大量故障数据进行宏观数理统计分析,通过把握统计规律去认识飞机故障常见的早期故障、随机故障、损耗故障形态等故障规律和安全规律,为实现安全、可靠、经济的科学维修提供技术支撑。

　　这套丛书的付梓出版,是一件非常值得高兴的事,应该说这是我们空军装备系统在航空维修安全领域做的一件极具理论研究价值和现实指导意义的开创性工作,它必将为系统预防和有效控制航空维修安全事故,为航空维修安全建设与发展等装备实践活动产生深远的影响。

　　空军是高技术高风险军种,从诞生之日起,提高战斗力与保证飞行安全就相伴相生。从一定意义上讲,空军战斗力的成长史,就是一部与飞行事故的斗争史。总结中外空军历史教训,分析飞行与维修安全事故,统计数据表明:设计和制造的差错,会使飞机留下缺陷和隐患;地勤维护人员的差错,会直接导致机电失效;空勤人员的差错,会直接导致操作失误;场务保障、指挥人员、气象预报等的差错,会直接导致飞机进入非预期的应力环境,从而导致意外飞行事故的发生。这些设计中的缺陷、操作中的错误、指挥中的失误、人为的差错,在不同的阶段,或个别或综合地成为飞行安全的杀手,映射出飞行安全和维修保障的复杂性和综合化。

分析近十年来发生的严重飞行事故,固然有装备本身故障率高,稳定性、可靠性和安全性不足的问题,但多数还是使用不正确、管理不严格、维护不精细造成的。从思想根源上讲,就是缺乏强烈的安全意识和风险意识,对新装备往往看技术先进、操纵性能好、安全系数大的一面多,而对其结构复杂、系统复杂的特点认识不到位,安全警觉性不高;对战备训练、重大军事行动往往考虑完成任务多,而对可能遇到的安全隐患估计不足、防范不力;对做好新形势下的安全工作往往是提泛泛要求多,而对面临的新情况新问题研究不够,防范的预见性、科学性和有效性不强,这些原因是造成事故案件多发的根本问题。

当前,空军建设正处在战略转型发展的重要时期,高新武器装备大量列装,军事斗争准备加速推进,重大军事演习接连不断,影响安全的不确定因素明显增多。特别是航空装备质量和维修安全工作,正面临着问题最多、困难最大、矛盾最集中的严峻挑战,装备新老并存、多代并存、试验试用与正式列编并存、进口与国产兼有、机械化与信息化复合发展等。新装备、新理论、新技术的消化吸收,新体制、新模式、新机制的探索实践,新情况、新问题、新课题的亟待研究,对领导机关,对一线部队,对全体官兵,都是全新的考验和磨练。

因此,从事航空装备维修保障的工作人员,要认真研究由于装备的技术复杂性和信息化程度的日益提高,由于装备的多代并存和事故诱因的多种多样,由于人员素质不适应装备发展和作战训练方式的重大变化,由于主战平台的高技术化和攻防对抗的装备体系化等等原因,导致安全事故"事件链"延长、安全事故"预防点"前移、安全形势"滞后期"明显、安全工作"互动性"突出、军事训练"风险性"扩大和装备保障"复杂性"加剧的特点规律;要综合运用辩证思维和系统科学的方法,着眼国内外、军内外航空维修安全的历史和现实问题,总结历史经验,概括特点规律,创新理论方法,探寻技术途径,对航空维修安全的理论与实践问题进行专题探索和体系研究,认真思考如何运用现代质量观、系统安全观等先进的管理理念和管理方式,结合航空维修安全理论与技术的深化研究,最大限度地降低维修差错发生的概率,最大可能地预防和控制维修事故这一航空维修领域亟需破解的重大现实课题。

即将出版的这套丛书,在这一领域开了个好头,迈出了可喜的一步。航空装备维修战线的各级干部有必要抽出时间系统地阅读一下这套丛书,从中汲取营养和智慧,学习理论和技术,掌握规律和方法,在具体工作中以科学为准绳从源头上把住装备设计制造质量关,以质量为标准从出口处把住飞机维修翻修质量关,以法规为依据从一线中把住装备保障维护质量关,与此同步完善质量能监督、安全能监控的组织管理机制,健全质量有标准、安全有规范的制度管理机制,实行质量要问责、安全要问效的绩效管理机制,努力开创空军航空装备质量和维修安全工作的新局面。只要我们以科学理论为先导,以技术进步为推动,紧紧盯住质量源头、大修质量和保障一线这三个最重要的质量关口,不断完善监督有力、监控有效、执行有法的质量安全长效管理机制,相信我们的航空装备维修质量安全工作就一定会上到一个新的台阶,收获不菲的工作成效。

空军工程大学教授 科学院士 李应红
2014 年 2 月 15 日

序二

　　航空维修是复杂的系统工程,面对的是系统高度综合、部件复杂精密的高科技装备,所处的是人、机、环、管诸多因素错综复杂、纵横交织,以及各类危险源比比皆是的生态环境,往往由于安全意识薄弱、维修水平不高、质量把关不严、管理机制松懈等原因,导致维修差错经常出现,不安全事件屡屡发生,影响和制约装备的安全使用和飞机的安全飞行,成为困扰航空维修安全管理与控制由来已久的顽疾难症。如何提高安全管理和技术水平,用现代质量观、系统安全观等先进的管理理念和管理方式,最大限度地降低维修差错发生的概率,最大可能地预防和控制维修事故,是航空维修领域必须致力研究和亟需解决的重大现实课题。

　　因此,以航空维修安全为主线,系统谋划航空维修安全领域基础理论与方法技术的体系研究,从航空维修安全理论、安全思想、安全技术、安全方法、安全分析、安全管理、安全文化,到航空维修差错因素分析、差错控制方法、差错管理理论、差错事故预防、差错事故处理,以及航空维修危险性分析、安全性评价、综合性评估和危险源辨识、危险源管理、危险源控制、危险源预警机制研究等全方位入手,体系化编写《航空维修安全研究丛书》,是一件极具理论研究价值和现实指导意义的开创性工作。

　　编写这套丛书的目的是让"以质量为核心,大力推进精心维修、依法维修、科学维修,努力实现个人维修零差错、单位保障零事故"的航空维修安全观落在理论研究与工作实践的实处,让安全发展理念成为推动航空维修安全研究深入发展的思想动力。为此,这套丛书的编写,紧紧围绕航空维修安全这根主线,一方面在安全科学理论(事故致因理论、风险控制理论、安全行为理论、安全管理理论和嵌套安全控制理论、人为差错机理理论、装备故障机理理论等)的指导下,进行深入的故障机理和人为差错机理研究,准确描述故障产生和发展的过程,科学确定预防措施和时机,合理降低维修工作量,为提高维修工作的针对性和有效性奠定理论基础;另一方面是在安全发展科学方法(统筹优化法、综合评价法、信息分析法、目标管理法、机制决策法、预先实践法、预测分析法、装备运筹学方法等)的支持下,对大量故障数据进行宏观数理统计分析,形成清晰的统计规律,通过把握统计规律去认识飞机故障常见的早期故障形态、随机故障形态、损耗故障形态等故障规律和安全规律,科学确定维修内容,为实现安全、可靠、经济的精心维修、依法维修和科学维修提供技术支撑。

这套丛书包括《航空维修安全导论》、《航空维修安全分析与评价》、《航空维修差错管理与控制》、《航空维修事故预防与监控》和《航空装备危险源管理》五册,定位为专业教科书、工作指导书、技术工具书三位一体的综合集约书,用系统科学的思维方式和综合集成的编写方法著述,希冀对航空维修安全工作起到系统理论支撑、技术方法咨询和操作实践指导的作用。我们相信这套丛书的出版,对航空维修安全管理与应用研究的深入发展将起到一定的推动和促进作用。

丛书编写委员会

2014 年 1 月

前　言

　　航空维修安全是为了保持和恢复航空装备的可靠性,通过对人—机—环境系统的规划、协调和监控,及时发现、消除危及飞行和作战安全的因素,对其进行维修,避免人员和航空装备非战斗损失,保证航空装备的空中和地面安全。因此,确保航空维修安全是航空兵部队的永恒主题。

　　当前,我军航空装备建设面临着机械化、信息化复合发展的新形势,体制编制不断调整,武器装备不断更新,官兵思想观念不断变化。历史经验证明,调整转型时期,改革任务越重,挑战与机遇并存,危机与转机同在,新旧观念碰撞、新旧体制交织、新旧装备共存,是一个矛盾凸显期和隐患高发期,重视安全发展尤为重要。因此,要求我们根据维修安全面临的新形势、新情况、新问题,运用辩证思维和系统科学的方法,着眼国内外、军内外航空维修安全的历史和现实问题,总结历史经验,概括特点规律,创新理论方法,探寻技术途径,对航空维修安全的理论与实践问题进行专题探索和深入研究,希望能为系统预防和有效控制航空维修事故,为航空维修安全建设与发展等实践活动,提供一定的理论依据和方法指导。

　　本书在编写过程中参考了相关论著,在学习、借鉴的基础上提出了一些新的观点,在理论上力求富有时代性、科学性;在结构上力求具有系统性、逻辑性;在数据资料上力求最新并有权威性;在文字表述上力求深入浅出、通俗易懂。全书共七章,内容包括航空维修安全思想、航空维修安全特点规律、航空维修安全理论、航空维修安全方法、航空维修安全技术、航空维修安全管理、航空维修安全文化。从辩证法和系统科学的角度剖析了航空维修安全的科学内涵,在分析影响维修安全的主要因素和总结经验教训的基础上概括了其特点规律,介绍了航空维修安全理论、方法、技术,探讨了维修安全文化建设的重要作用。从其内容和结构来看,主题突出,理论脉络清晰,方法的可操作性强,理论密切结合应用,充分体现了系统性和实用性。

在本书的编写过程中，得到了空军装备部机关各部门及本领域专家的大力支持，特此表示感谢。同时，本书参考、吸纳了国内外、军内外安全学科和相关学科领域专家学者的理论研究成果，我们对这些成果的创造者表示钦佩，并对这些成果为本书提供参考和引用深表谢意。

航空维修安全学科正处在快速发展之中，但其理论框架还处在建立初期，内容体系还有待完善，加上编者能力和水平有限，书中不妥之处在所难免，恳祈读者批评指正。

作者
2014 年 1 月

目　　录

第1章　航空维修安全思想

航空维修安全思想，是航空维修安全活动在人们头脑中形成的理性认识，是航空装备安全思想和安全发展理念在航空维修安全领域的具体体现。航空维修安全思想，来自航空维修及其相关活动实践，集中反映了航空维修安全活动的基本规律，科学概括了航空维修安全的基本思想理论观点，是维修安全理论的核心和灵魂，对航空维修安全实践活动具有普遍的指导意义。本章在分析航空维修安全的科学内涵和哲学思想的基础上，阐明航空维修安全的基本观点，为宏观指导航空维修安全工作提供思想理论依据。

1.1　航空维修安全的科学内涵

安全发展是党中央和中央军委在新的历史时期提出的新的科学理念。安全发展事关我军广大官兵的根本利益，事关军队的健康发展和稳定大局。为履行我军新世纪、新阶段的新使命、新任务，航空装备系统必须准确理解维修安全的科学内涵，深刻认识航空维修安全的基本矛盾，牢牢把握航空维修安全的特点和基本规律，积极推进航空装备的安全发展。

1.1.1　航空维修安全的基本含义

1. 航空维修

新版《军语》对航空维修定义为："保持、恢复航空装备规定技术状态而对航空装备进行维护和修理的活动"。航空维修是一个多层次、多环节、多专业的保障系统，包括维修思想、维修体制、维修类型、维修方式、维修专业、维修手段、维修作业、维修控制与管理等，并以维修控制与管理贯穿始终，相互联系、相互作用，构成了一个有机整体。

航空装备必须符合规定的技术状态，才能安全可靠地使用。航空装备在作战使用过程中，因受各种因素的作用和影响，其技术状态会偏离规定的使用标准。航空维修的基本任务，是为经常保持和迅速恢复航空装备规定的技术状态，保证航空装备的最短反应时间、最大出动强度和持续作战能力，以满足高速度、高强度和持续作战的使用需求，保证作战、训练任务的遂行和飞行安全。为此，不仅要求从技术上保证航空装备本身具有优良的战术技术性能和良好的可靠性、维修性、保障性等固有属性，而且要求各级航空维修部门对各项维修工作实施有效控制和管理，使整个维修工作能以最经济的资源消耗取得满意的效果。

2. 安全

安全，即健康和平安之意，泛指没有危险、不出事故、运行正常的状态，《韦氏大辞典》对安全的定义为："没有伤害、损伤或危险，不遭受危害或损害的威胁，或免除了危害、伤害或损失的威胁"。安全只是一个相对的概念，世界上没有绝对安全的事物，任何事物中都包含有不安全的因素，当危险性低于某种程度时，人们就认为是安全的。安全工作贯穿于事物发展和系统运行的全过程，安全性通常用概率上的近似客观量来衡量安全的程度。长期以来，人们把安全第一、预防为主、综合治理作为安全工作的指导方针，善待生命、珍惜健康、减免物质文明的损失，成为人类社会亘古不变的永恒主题。

3. 航空维修安全

航空维修安全是为了保持和恢复航空装备的可靠性，通过对人—机—环境系统的规划、协调和监控，及时发现、消除危及飞行和作战安全的因素，对其进行维修，避免人员和航空装备非战斗损失，保证航空装备的空中和地面安全。

随着科学技术的飞速发展和飞机等航空装备在军事领域的广泛应用，航空装备越来越先进复杂，对维修的依赖性越来越大，维修能力已成为航空兵部队战斗力的重要组成部分。航空装备维修，是航空兵部队装备作战和训练使用的首要工作，在任何时候、任何情况下，都必须按规定要求、内容和程序，快速保持和恢复装备的完好和可用状态，以满足部队作战训练需要。不经过维修的装备，其技术状态就无法确认，也就无法正常使用；不能及时发现和消除装备系统中可能导致事故的隐患或征兆，装备就不可能安全可靠地使用。航空维修安全是装备安全的重要组成部分，直接影响航空兵部队战斗力的提升。

1.1.2　航空维修安全的基本矛盾

辩证法认为，矛盾是客观事物和人类思维内部各个对立面之间相互依赖又相互排斥的关系。矛盾是事物的普遍现象，维修质量的优与劣、维修效益的高与低、管理效能的好与差等，都是矛盾着的现象。一切事物的存在与发展都是矛盾运动的结果，航空维修安全也不例外。矛盾的产生、发展、终结是不以人的意志为转移的客观过程，虽然不能任意地创造矛盾和消灭矛盾，但可以因势利导地认识矛盾和解决矛盾。航空维修安全活动的实践证明，当安全保障能力与安全需求不相适应时，不仅安全没有保障，维修保障的发展也受到制约。

航空维修安全领域存在诸多矛盾，如航空维修人员的安全素质高与低、能力强与弱的矛盾，航空维修安全管理机制完善与不完善、效能高与低的矛盾，航空维修质量与航空装备使用安全要求适应与不适应的矛盾等。这些矛盾中，基本矛盾是航空维修安全需求与航空维修安全保障能力之间的矛盾。具体体现在以下三个方面。

1. 基本矛盾规定了航空维修安全活动的本质

航空维修安全活动主要围绕航空维修展开，体现其本质属性的活动是航空维修安全保障。航空维修安全保障的目的是保证航空装备在维修过程中没有危险，不出事故和安全运行，使航空活动或任务顺利安全地遂行。没有高质量的航空维修保障，航空装备就不能经常保持和迅速恢复完好和可用状态，航空活动顺利遂行就缺少前提条件；没有高素质的维修人员和科学高效的维修管理，航空维修活动顺利遂行就缺乏基本保证。为了满足航空维修安全需求，航空维修系统必须具备相应的安全保障能力。航空维修安全保障能力是装备安全性设计与实现能力、使用安全保障能力、维修安全保障能力和维修管理能力等诸能力形成的系统综合能力，是航空维修安全可靠地遂行各种任务所具有能力的统称。

航空维修安全需求是随着航空装备发展和使用需求的变化而不断发展变化的，如随着航空维修的信息化、智能化、复杂化发展，其作战效能大幅度提高，价格也越来越昂贵，事故造成的损失达到惊人的程度，就连世界上唯一的超级大国——美国空军也提出了"A 类飞行事故减半"的要求。我空军针对航空装备跨越式发展和新的使用环境面临的安全形势，提出了"个人维修零差错、单位保障零事故"的安全目标。而相对于维修安全保障能力，维修安全需求通常是处于首先发生变化的主导地位，而维修安全保障能力则是为了满足其安全需求而处于应变适应地位。当航空维修安全需求发生新的变化时，航空维修安全保障能力仍然处于适用原来安全需求的水平上，就会与新的安全需求不相适应。航空维修安全需求与航空维修安全保障能力之间，适应是相对的，不适应是绝对的，它们之间构成了维修安全领域一对基本矛盾。

航空维修安全成效，取决于航空维修安全保障能力满足其需求所能达到的程度。航空维修安全实践证明，安全保障能力强，能基本满足其安全需求，当年的安全形势就比较好；否则，当年的安全形势就可能比较严峻。如果来年采取相应的对策措施，安全能力与安全需求在新的条件下基本适应，安全形势就可能好转。这一基本矛盾的运动也是航空维修安全具有周期波动性的主要原因。由此可见，航空维修安全活动所包含的内容都是围绕航空维修安全需求与航空维修安全保障能力之间的矛盾展开的，这一矛盾规定了航空维修安全活动的本质。

2．基本矛盾贯穿航空装备的全系统、全寿命过程，体现于航空维修安全活动的始终

航空维修安全包括装备本身的安全特性设计、生产，以及装备的使用维修安全、退役处理安全等方面。航空装备的不同阶段，有不同的安全需求，这就需要开展不同的安全保障活动，只要有维修安全活动，就存在维修安全需求与安全保障能力之间的矛盾。原来的矛盾解决了，在新的形势下又会出现新的矛盾。这种安全需求与安全保障能力之间适应与不适应的矛盾运动，循环往复没有终结，由此推动航空维修安全工作向前发展，也推动着航空维修的不断发展。航空装备的发展和使用安全需求，牵引和推动着航空维修安全保障能力的不断提高，由此推动着航空装备和维修安全工作向前发展。

3．基本矛盾影响和制约其他矛盾的存在和发展

航空维修安全的其他各种矛盾，都是航空维修安全需求与航空维修安全保障能力的矛盾在不同侧面和不同阶段的具体表现形态。如在航空装备的研制方面，主要表现为装备可靠性、安全性等质量特性要求与研制能力和工程实现可能的矛盾；在装备使用方面，主要表现为飞行安全与不安全的矛盾；在装备维修方面，主要表现为完好与不完好、可靠与不可靠的矛盾；在装备安全管理方面，主要表现为机制完善与不完善、效能高与低的矛盾；在装备人才方面，主要表现为安全素质高与低、能力强与弱的矛盾等。这些矛盾都受航空维修安全需求与航空维修安全保障能力这个基本矛盾的影响和制约，离开了这个基本矛盾，其他矛盾也不复存在。

如航空装备可靠性、安全性等质量特性要求就是装备在研制阶段的安全需求，而装备研制能力和工程实现的可能条件就是航空维修安全的保障能力，这个能力由于受科技水平、航空工业基础、人员素质、费用等方面影响与制约，总是与航空维修安全需求有一定的差距，这就是一对矛盾。这一对矛盾是航空维修安全基本矛盾在装备研制阶段的具体表现形式，是特殊与一般的关系，它并不能脱离基本矛盾而单独存在。也就是说，离开了维修安全这个基本矛盾，装备研制阶段的这对矛盾也就不存在。航空维修安全研究的主要任务，就在于妥善处理好基本矛盾，并在解决基本矛盾的过程中不断促进维修安全的发展。

1.1.3 航空维修安全的地位作用

1．航空维修安全是航空兵部队当前重大的现实和紧迫的时代课题

目前,世界范围内航空装备在使用中因装备本身原因发生的事故大幅减少，而由于维修的原因所造成的各种事故的比例却大幅上升。我国民用航空运输飞行事故中，因维修(维护)不当造成的飞行事故率，1949 年—1989 年为 7.9%，

4

1989 年—1998 年为 16.7%。据对中国民航 50 年来发生的 131 起飞行事故分析，94 起是由于违规造成的，占全部飞行事故的 72%。这 94 起违规造成的事故中，属飞行机组原因的 71 起，占 75.5%；属维修原因的 11 起，占 11.7%。

据美国空军战斗司令部(ACC)事故调查显示，无论是民用航空还是军用航空，航空维修差错是造成航空器事故和事故征候的主要原因。在世界所有航空事故案例统计中，航空维修差错占 85%，此外 20%～30%的空中停车也与航空维修差错有关。可见，采取积极措施，预防航空维修差错，对减少飞行事故、保证飞行安全具有十分重要的意义。

当前，全军部队都在面临建设转型，航空装备建设也面临机械化、信息化复合发展的新形势，编制体制不断调整，武器装备不断更新，官兵思想观念不断变化。历史经验证明，调整转型时期往往是多事之时，改革任务越重，越需要重视安全发展。在特殊的历史阶段，挑战与机遇并存，危机与转机同在，新旧观念碰撞、新旧体制交织、新旧装备共存，是一个矛盾凸现期和隐患高发期。这就要求我们必须更加重视安全发展，对安全防范工作进行科学运筹，坚持理论与实践相结合，使航空维修安全工作不断从被动走向主动，从盲目走向科学。

2．航空维修保障的复杂程度日益突出，航空维修安全的任务更加艰巨

信息化条件下作战，空中力量具有突出的高技术化特征。武器弹药精确制导，作战平台更加智能，指挥控制高度集成，作战空间更趋一体，航空与航天武器渐趋结合，作战行动隐蔽突然，作战效能空前提高，快速灵活和猛烈突击作用更为显著，空中远程机动和精确打击已经成为最有效的进攻手段，制空权和制信息权的结合成为战争胜负的决定性因素。在这一大背景下，航空装备的技术性能越好，对维修保障的要求就越高，装备维修保障的复杂程度就更加突出。

科索沃战争中，美军 B-2 战略轰炸机由于保障专业性太强，技术要求过高，在欧洲找不到可以前沿部署的基地，以致每次行动都必须从美国本土出发，飞到南联盟作战，往返 30 余小时、近两万千米，每架飞机平均一天飞不完一个架次，严重制约了作战效能的发挥。美军的"阿帕奇"武装直升机因保障性差，完成 24 架直升机从驻德国军事基地部署到科索沃的行动，就动用了一支近 3000 人组成的支援队伍，仅运送人员和保障装备就使用运输机飞行 200 架次，耗时 3 周才部署到位。

3．航空维修保障的地位作用更加显著，维修安全问题更为突出

随着空中作战在信息化作战条件下地位跃升，航空装备维修保障的作用显著增强。一方面，由于空中作战的突发性强、战斗进程快、准备时间短，需要多批次、多架次连续出动，必须在短时间内完成充、填、加、挂以及特种设备数据下载等工作；另一方面，现代飞机的载油、载弹量大大增加，弹药以及机载液体、气体种类明显增多，精确制导等智能化弹药和新概念武器日益普遍，有的飞机起飞前要将航行诸元等数据输入机载计算机，着陆后要对飞行参数进行处理，飞行保障的工作量成倍增加，航空维修保障必须高强度运转。

可以说，航空武器装备越先进，对技术的依赖程度就越高，其作战效能的发挥就更加取决于维修保障工作的成效，装备维修保障安全的作用就越为显著。因此，我军在努力实现跨越式发展的同时，必须更加重视航空维修保障体系建设中的航空维修安全问题。

1.1.4 维修安全的内在特点

1. 航空维修安全是系统工程

航空维修安全是由人、机、环境、能量、信息与管理等要素构成的开放的复杂系统。

"人"主要是指维修保障人员、安全管理人员以及安全监督检查人员等有可能影响维修安全的所有人员，人的安全素质对维修安全起着决定性作用，所以，人是维修安全的决定性要素。

"机"主要是指航空装备、设备及其安全性，它们是装备安全的基础性要素。

"环境"主要是指军事环境、维修保障环境、社会环境和自然环境等，它们是维修安全的影响性要素。

"能量"是具有做功本领的物理量，航空活动中的能量主要是机械能、热能、电能、化学能等，事故是能量或危险物的意外释放，对能量的有效控制可预防事故的发生，所以，能量是安全系统的危险源，是维修安全的控制要素。

"信息"即安全信息，是在航空维修工作中起安全作用的信息集合，充分可靠的安全信息流是航空维修安全的基础保障，所以，信息是维修安全的保障性要素。

"管理"是作用于航空维修安全系统的要素，对人、机、能量、环境都会产生作用和影响。航空维修安全与否取决于人、机、环境、能量等要素的安全及其相互关系的协调，系统要素的不安全将可能导致系统的不安全，系统要素相互关系失调也会出现危害或事故，导致系统运行不安全。

所以，航空维修安全是一个系统工程，要保证航空维修安全，必须运用系统工程的思想方法，对事故进行系统预防和控制。与此同时，要实现维修安全目标，还必须将维修安全的要求与有关专业融合，使有关专业通过技术与管理活动增强航空维修安全水平。

与维修安全有关的专业主要有设计工程、人素工程、可靠性工程、维修性工程、试验工程、制造工程、质量检验和控制、使用和维修保障、人员培训以及包装、装卸、储存和运输等；航空维修安全还是一个群体工程，即航空维修安全工作是群众性很强的工作。要实现安全目标，做好安全工作，只靠少数人是不行的，必须全员参加，群策群力，才能做好。有了广大群众积极参加安全工作，许多矛盾都会化解，许多难题都会迎刃而解，许多不安全的因素都会及时发现。

2．航空维修安全是基础工程

航空维修保障是航空装备空中使用的最后一个环节，对保证飞行安全负有重要责任。航空维修安全是航空装备保障的一个十分突出的基础性特征。基础性是维修安全的本质属性，抓好维修安全就是为航空事业发展建设提供一个良好的安全环境，为完成各项任务打下坚实的基础。如果航空维修不安全，或安全水平较低，不时发生灾难性事故，其后果不但会影响航空维修的发展，影响装备的正常使用，还会给人员和装备造成重大伤害和损失，影响正常的工作和生活秩序，影响部队士气和各项任务的完成，对整个航空事业都会造成不良影响，从这个意义上讲，航空维修安全与否对航空事业发展建设和部队战斗力成长具有基础性影响。

3．航空维修安全是一个相对的概念

由于人们认识航空维修安全能力的局限性，不可能完全认识维修事故事件链中的危险源的危险性，即使认识了现有的危险源，随着航空科技和生产技术的发展，新技术、新工艺、新材料和新能源的不断出现和应用，又会产生新的危险源。因此由于人们认识航空维修安全能力的局限性和危险源的动态发展以及经济因素的制约，人们只能关注重大危险源，不可能根除所有危险源，只能把危险源的危险性降低到可接受的程度，即相对安全的状态。

1.2 航空维修安全的哲学思想

安全理念是对社会发展本质的深刻认识，航空维修安全是建立在航空维修实践基础上的对科学发展观思想的进一步深化，是"以人为本"思想的深刻体现，是转变战斗力、保障力生成模式不可忽视的重要环节，也是实现航空装备跨越式发展的根本保证。

1.2.1 航空维修安全的哲学认识

1．安全发展理念是当代社会实践的产物

任何理念都是人们对社会存在的能动反映，都是建立在社会实践基础上的观

念产物。安全发展理念也不例外，它是我党在十六届五中全会上提出的重要思想，是对 21 世纪中国社会发展的指导性理念，是加快构建和谐社会的重要保障。

人类的发展是一个从低级到高级发展的过程，在这个发展过程中，由于竞争的激烈、斗争的残酷、环境的束缚，人们无法选择自身的生存方式，为了生存、发展，人们往往以牺牲安全为代价。从人类社会的发展历史来看，任何一个时代在处理发展与安全的关系上都是强调发展的重要性、必要性，人们的生命、安全没有得到应有的重视与保障，这除了阶级社会的特殊因素之外，一个重要的方面是与人类文明发展的局限性有关。不可否认人类追求发展的历史价值，更不能否定人类为了发展而付出牺牲的意义，以及为了发展付出牺牲的必要性。但当我们进入新的历史发展时期，人类日益关注社会发展与人类生存、人类安全的关系，更加重视人类生命的价值，这一切为安全发展理念的产生奠定了社会基础。

中国是一个发展中国家，在漫长的封建制度下，自给自足的自然经济成为中国社会的主要经济形式，落后的生产力状况与封建专政制度，使中国人民的生命保障、生存保障以及安全保障受到严重的威胁。历史上的中国，安全发展意识是根本谈不上的，甚至是没有的。新中国成立后，由于社会主义制度面临国际资本主义的严重威胁和百废待兴的国内环境，社会主义新中国的首要任务同样是解决发展问题。只有发展，中国人的生存问题、安全问题才能解决，社会主义的优越性才能充分体现出来，社会主义制度才能巩固。因此，在相当长的历史时期，我们把发展看得非常重要，从某种意义上说，这也是中国现实社会落后状态在人们心理上的反射，宁可牺牲安全，也不能没有发展。特别是改革开放 30 多年的社会实践，我们正是围绕发展进行了一系列的社会改革，坚持"发展是硬道理"，实现了自身的长足发展。事实上，中国是一个人口多、底子薄的国家，要与世界发达国家竞争，唯有发展，没有别的出路。也正因为我们坚持了发展，取得了长足的发展，才真正解决了人民的温饱问题，基本实现了小康目标，确立了中国在世界上的地位，迈开了中国奋然崛起的历史步伐，这些都是不可否认的历史事实。

然而，当我们重新审视发展本质、反思发展道路、努力实现在新的历史阶段科学发展的时候，安全发展日益成为人们关注的问题。众所周知，21 世纪是我国从农业时代向工业时代、农业经济向工业经济、农业社会向工业社会、农业文明向工业文明转化的重要时期，中华民族正处在历史腾飞的转折点，要实现工业化、城市化、福利化、民主化的宏伟目标，没有安全发展作保障是很难想象的。因此，安全发展理念是我党站在时代高度，对时代发展精神的理性把握，它必然把我们带入一个崭新的发展境界，实现中华民族在 21 世纪的新飞跃。

2．安全发展理念是科学发展观的应有之义

安全发展理念是科学发展观不可缺少的重要组成部分。安全发展理念与科学发展观是辩证统一的关系，是科学发展观思想的深化。实践是认识的基础，认识来源于实践又指导实践，同时接受实践的检验。一个国家的发展强盛不能只局限在经济的繁荣和发展上，还需要社会全面发展、和谐发展，而要实现全面、和谐的发展，没有安全发展作保证，科学发展就无从谈起。

目前，在经济发展的过程中，一个重要的问题就是对安全的忽视，认为只要发展了，付出一些代价是必然的，甚至对人的生命也不珍惜，这实际上是对科学发展观认识的误区。科学发展观的一个重要内涵就是安全发展问题，如果我们不珍惜生命，为了发展生命都没有了，这种发展还有什么意义?安全生产是人命关天的大事，不仅是一个经济问题，也是一个严肃的政治问题，它直接关系到改革、发展、稳定的大局，直接关系到最广大人民群众的根本利益。因此，安全发展理念和科学发展观是辩证统一的关系，经济发展必须建立在安全生产的基础上。

安全发展理念体现了"以人为本"的发展本质，是中国共产党实践"心里装着群众，凡事想着群众，工作依靠群众，一切为了群众。要坚持权为民所用、情为民所系、利为民所谋、为群众实心实意办事"思想的具体体现。马克思主义认为，占人口绝大多数的人民群众，是历史的真正主人，是文明和财富的真正创造者。历史上，人民以被动的存在创造着历史，付出的是血汗乃至生命，换来的却是被压迫、被奴役的地位。

今天的中国人民已经成为社会的主人，用自己的勤劳双手自觉地创造着自己的历史，换来的是社会的发展和自身的解放。应该看到，这是历史变革，是人类社会的文明进步。然而，我们也要看到在社会主义的初级阶段，在改革开放和社会主义市场经济的大背景下，由于利益的驱动，一些以发展为幌子而不顾人的生命的现象依然存在，一些单纯追求经济效益而不顾社会环境安全的现象时有发生，这些问题严重威胁到人民群众的生命安全，破坏着人们的生存环境。实践一再证明，忽视安全求发展，难有科学发展，忽视生命求发展，只能是破坏发展。"以人为本"最基本就是要以人的生命为本，珍惜生命是"以人为本"的第一要义，关爱人首先是关爱生命，安全首先是生命安全。要看到生命安全权益是最大的权益，不能以所谓的发展来损害劳动者的安全和健康权益。

因此，安全发展理念凸现了科学发展观"以人为本"的本质特征，反映了经济发展和社会进步的客观要求，体现了最广大人民群众的迫切愿望，是经济发展、社会进步的前提和保障，是全面建设小康社会、构建社会主义和谐社会的必然要求。从某种意义上说，人民的生命健康能否得到切实的保障，是衡量社会进步的重要标志之一，只有牢固树立安全发展的理念，才能把"以人为本"的科学发展观落到实处，才能推动经济建设的全面、协调、可持续发展。

3. 航空维修安全是打赢信息化条件下局部战争的重要支撑

以信息技术为核心的高新技术群的快速发展及其广泛应用，正在深刻地改变着人类战争的形态，改变着军事力量结构和使用方式。以航空装备为核心的空中力量在现代战争中的地位越来越重要，使用频率越来越高，强度越来越大，业已成为一个事关军事斗争准备和军队建设的全局性问题。在信息化条件下的局部战争中，航空装备作战使用具有大规模、高强度、机动性强、高消耗、时效性强等特点，因而对航空维修的要求更高，依赖性更强。近年发生的各类维修事故已经给我们敲了警钟，航空兵作为特殊兵种必须以安全保飞行，以安全促发展。

当然，讲安全，并不是唯安全论，作为军人不能没有流血牺牲，也不能怕流血牺牲，但我们决不能因为缺乏安全理念而作无谓的流血、无谓的牺牲，不能因为缺乏安全理念而影响乃至破坏我们的发展。目前，我军正处在转型建设和军事斗争准备的关键时期，这个时期给我们提出了许多新任务、新目标、新标准、新要求，在建设过程中，我们会遇到许多新问题、新矛盾，在此条件下，强调航空维修安全无疑对航空兵部队建设意义深远。"凡事预则立，不预则废"，只要牢固树立航空维修安全理念，切实按照科学发展观的要求筹划、组织、实施部队各项建设，就一定能够"思危于未形，绝祸于方来"，为航空装备发展、航空兵部队现代化建设做出贡献。因此，持续改进航空维修保障能力，推进航空维修安全科学发展，是保证航空装备作战能力的有效发挥，打赢信息化条件下局部战争的重要支撑。

1.2.2 航空维修安全的思维方法

航空维修的思维方法就是从安全出发进行航空装备维修实践的方法，就是在进行军事训练、从事军事管理、处理各种关系以及解决各类矛盾的时候，始终保持安全的思维底线，并用科学的方法加以解决。它是安全发展理念必须具备的基本能力，也是确保安全发展的重要手段。

1. 求同思维法

求同思维法是航空维修安全必须重视的思维方法。求同思维是致力于事物共性的思维，善于从两个或多个不同事物之间找到相同或相似之处的思维方法。航空装备的发展、对航空维修矛盾的处理，都要善于运用求同思维法，善于从纷繁复杂的事物中寻找其共同的本质，不被事物的外在差异所迷惑。大千世界是千变万化的，我们面临的矛盾也纷繁复杂，在事物的发展过程中，也会出现这样那样的问题。面对这些问题，我们怎么处理，从哪个角度处理，直接关系到认识问题的立场和处理问题的结果。有的人遇到问题不是客观分析、正确评价，不善于从求同出发寻找事物的共同点，而是从个人好恶、个性情感出发把事物推向极端，使问题膨胀化，这样做的结果很容易使矛盾扩大化甚至激化，不仅不利于问题解决，甚至会带来相反的后果。

航空装备保障部队虽然具有纪律的严格性、命令的严肃性，但它的根本目的是为了航空兵部队的建设发展，如果我们缺乏求同思维，遇到问题总是走极端，同样不利于航空兵部队的安全稳定以及航空装备的正常发展。应该看到，航空维修安全不是否定矛盾存在，也不是否定问题存在。事实上，不论地方还是部队，只要搞建设，就会有矛盾、有问题，发展也往往是在解决矛盾、解决问题的过程中实现的。因此，安全理念给我们的重要启示，就是怎样实现安全发展，这才是问题的关键。当然，我们强调求同思维，不是说不要个性，个性是事物的特殊性，也是我们分析问题所必须重视的方面。但个性与共性之间是辩证统一的关系，只是安全理念更强调事物的共性，强调求同思维的重要性，它对安全发展意义重大。

2. 换位思考法

在处理各种矛盾、问题的过程中，一个重要的方法就是进行换位思考，这也是航空维修安全理念必须具备的思维方法。在现实世界中，我们对外部世界的观察在很大程度上取决于我们所处的观察位置，取决于你是领导还是士兵、是机关还是基层、是军人还是百姓、是男性还是女性……当你对某一种观察或感受确信不疑时，你是否想到也许你仅仅代表了某一方向、某一方面，或许你应该站起身来，换一个位置看看，换一个角度想想。所以换位思维法，也就是超越某一观察者当下特定的物理位置和心理位置，试着从不同的角度去认识事物，从不同的立场去理解的思维方法。航空维修安全要求我们在发展问题上就要善于换位思考，善于从不同的角度去认识事物。随着我军航空装备的更新、任务的加重、要求的提高，我们不能不反思发展与安全的关系问题，不能不反思怎样才是真正的发展。

有的单位以自己的特殊性强调事故的可能性，甚至事故的必然性，这实际上是不科学的思维方法，试想，在没有安全保障的条件下求发展，在事故必须存在的思维中求发展，给部队带来的后果只能是战斗力的下降。不可否认提高战斗力与安全之间的矛盾关系，但提高战斗力不能以牺牲安全为代价，甚至以军人的生命为代价，因为这种代价换来的不是战斗力的提升，只能是对战斗力的破坏。如果我们能换位思考安全与战斗力之间的关系，不以无畏的牺牲求发展，正确处理安全与发展的辩证关系，无疑对提高我军战斗力会有重要的促进作用。当然，换位思维对正确处理军队各类矛盾，包括上下级矛盾、人与人之间的矛盾等都有重要的指导意义，它是安全发展理念必须重视的思维方法。

3．统筹思维法

统筹思维法是指在认识处理问题时要善于总揽全局、统筹兼顾的思维方法。这一方法要求在处理各种问题时，重在通盘思考，兼顾各方，实现整体、有用、合理的统一，它是航空维修安全应该重视的思维方法。安全工作是一项系统性很强的工作，无处不在，无时不有，需要我们统筹兼顾，全盘考虑，只有安全有了保证，各项工作才能稳定、协调、健康地发展。

用统筹思维思考安全发展问题，就要防止两种错误倾向，一是怕出事而降低工作标准和训练质量，二是不顾安全稳定的盲目蛮干。这两种倾向都是缺乏统筹思维的结果，是与安全发展理念相悖的，不利于航空兵部队的建设发展。因此，要善于运用统筹思维的方法解决安全发展问题，既要抓大事谋全局，善于结合本单位实际思考问题，深入剖析部队安全形势，及时掌握影响部队安全稳定方面的新动态、新问题，准确把握官兵的思想脉搏，确保宏观指导的前瞻性、针对性和有效性，也要注重具体抓落实，做到责任明确、方法得当、有的放矢，使安全发展落到实处。

4．辩证思维法

辩证思维是分析问题、认识问题、处理问题的最基本的思维方法，也是航空维修安全必须确立的最重要的思维方法。马克思主义认为，辩证法的宇宙观主要地就是教导人们要善于去观察和分析各种事物的矛盾的运动，并根据这种分析，指出解决矛盾的方法。确立航空装备维修安全理念，实现航空装备保障在新的历史时期的长足发展，一个最基本的问题就是要正确认识矛盾、处理矛盾、解决矛盾，就是要善于按辩证法办事，正确运用矛盾分析方法。

运用这一方法，首先要坚持一分为二的思维法。凡事不能只讲一面，要讲两面，要看到任何矛盾都有两个侧面、两重属性。在处理问题时，既要看到事物的正面，又要看到事物的反面；既要看到事物的现状，也要看到事物的过去和将来；既要看到事物的局部，也要看到事物的整体；既要弄清事物的共性，也要把握事物的个性。其次要在对立中把握统一，统一中把握对立。要善于在对立面中看到事物统一的因素，弄清它们是怎样统一的，在什么条件下相互转化，以便创造条件保持事物的统一或促使事物的转化。同时，也要善于在统一事物中看到对立的因素、部分、方面和趋势，弄清它们是怎样对立的，对立表现在哪些方面，对立的性质和程度如何，以便采取恰当的解决方法。再次就是要学会具体问题具体分析。

列宁指出："马克思主义的精髓、马克思主义的活的灵魂：对具体情况作具体分析。"具体问题具体分析，就是要求在矛盾普遍性的指导下，着重把握矛盾的特殊性，用不同质的方法解决不同质的矛盾。就是要善于理论联系实际，事实求是，与时俱进。随着航空装备建设的发展变化，维修标准要求也要变化，要结合工作要求依法规范各级领导和机关的工作行为，适时修订和完善航空维修保障的有关规章制度，进一步增强各级维修保障干部的事业心和责任感，只有这样，才能为航空兵部队的安全发展提供可靠的方法保证。

1.2.3 树立辩证的航空维修安全哲学观

1. 航空维修安全的辩证观

安全与事故在所要研究的航空维修安全系统中是一对矛盾，它们相伴存在。安全是相对的，事故风险的存在是绝对的。航空维修安全的相对性表现在三个方面：①绝对安全的状态是不存在的，人们不可能把事故的发生率降为零。系统的安全功能是相对于事故而言的，没有事故的产生无所谓安全。②航空维修安全的标准是相对于航空维修事故的状况、人的认识和航空装备安全状况而言，它将随着人的认识水平和经济的发展而发生变化。抛开社会环境、航空装备发展和航空兵部队建设的实际情况讨论航空维修安全是不现实的。③人的认识是无限发展的，对航空维修安全的本质规律和运行机制的认识也在不断深化，即安全对于人的认识而言具有相对性。事故风险的绝对性表现在飞机一诞生，事故风险就存在，在航空安全系统的发展、变化过程中，事故风险可能变大或变小，但不会消失，事故风险存在于任何时间和空间。不论我们的认识多么深刻，技术多么先进，设施多么完善，事故风险始终不会消失，人员、装备、信息、管理和环境的综合功能的残缺始终存在。

航空维修安全与事故既然是一对矛盾，它就具有矛盾的所有特性。一方面矛盾双方互相排斥、互相否定，安全度越高，发生事故的可能性就越小，安全度越低，发生事故的可能性就越大；另一方面安全与事故两者互相依存，共同处于一个矛盾的统一体中。因为有事故风险，才要进行安全管理，以防止事故的发生。安全与事故并非是等量并存、平静相处。随着事物的运动变化，安全与危险每时每刻都在变化着，进行着此消彼长的斗争，在一定的条件下存在着向对方转化的趋势。安全与事故这对矛盾的运动、变化和发展推动着航空维修安全科学的发展和装备航空维修官兵安全意识的提高。因此，我们必须正确认识安全与事故的统一性和矛盾性，树立辩证的航空维修安全观，既要承认事故风险的客观存在，不盲目追求零事故，又要积极预防，争取不发生事故。

2. 航空维修安全的联系观

客观世界普遍联系的观点是唯物辩证法总的特征之一。世界是联系的，任何事物都是联系和发展变化的，航空维修安全也不例外。作为一个复杂的系统，其内部构成要素人、装备、信息、能量、管理、环境等是互相联系的，这其中包括横纵向联系、间接联系、内外部联系、本质与非本质联系、必然联系和偶然联系等。要正确认识航空维修安全系统的功能，必须全面、科学地分析各要素，必须全面了解和具体分析其组成要素之间的复杂联系，并利用现有的科学技术成果，对开放的、复杂的航空维修安全系统进行分析和综合，采用定性与定量的方法，在众多的联系中找出直接的、内部的、本质的、必然的联系，找出其发展变化的规律，确保航空维修安全系统的功能达到最优。

在航空维修事故发生的过程中，内外因素交织，有利条件与制约因素并存，冲突过程短暂，机理十分复杂，但透过现象看本质，航空维修事故的发生还是有其规律性的。就像任何事故的发生，都是要经过从发生到发展，从变化到激化，从量变到质变的过程一样。航空维修事故的发生，也经历了从事故诱因的萌发、积累，到在特定的时空条件下事故原因被触发，进而造成损害事件的过程。在此过程中，构成事故的因素不外乎三个方面：一是人的因素；二是装备的因素；三是环境的因素以及能量、信息和管理的因素。人的因素包括人的安全意识、安全知识和安全技能。装备的因素包括装备安全技术性能不佳、机械故障、技术缺陷等。要把握好事故脉搏，需要我们用辩证法的观点来认识事故要素，按照事物普遍联系的观点来认识维修安全问题，要坚持全面性，关注人、装备、能量、信息、管理及环境因素发生的各种变化，促进有利因素的发展和积累，防止不利因素的滋生。运用普遍联系的观点看待维修安全问题，关键是要抓住维修安全问题的内部与外部联系，善于发现和注意量的变化，善于见微知著，以小见大，在潜伏和隐蔽信息中，按照其相互联系查寻征兆，发现苗头。在分析航空维修事故因素的过程中和进行航空维修安全管理决策的过程中，要注意区分主要原因和次要原因、内部原因和外部原因、直接原因和间接原因、客观原因和主观原因等。在全面分析因果联系的基础上，集中力量抓住事物内部的主要矛盾进行分析和研究，防止孤立、片面地看问题，以偏概全。

3. 航空维修安全的系统观

系统是由若干相互联系、相互作用的要素所构成的有特定功能与目的的有机整体。无论是航空维修安全系统，还是航空维修事故系统，都具有系统的一般特性，不管结构如何，它们都是有机的整体。在这个整体中，任何因素的不可靠、不平衡、不稳定都可能导致其他因素的变化，引起种种的冲突与矛盾，从而引发系统整体崩溃，即造成航空维修事故。因此，在分析航空维修安全问题时，必须运用系统的观点、系统的原理和方法，防止割裂地看问题。

整体性是系统的一个最基本的特征。整体和部分的关系，就是全局和局部的关系。系统的各要素之间存在一定的组合方式，各要素之间是相互统一和协调的，系统整体的功能不是各组成要素功能的简单叠加，而是呈现出各组成要素所没有的新的功能，并且一般来说，系统的整体功能大于各组成要素的功能总和。系统的整体性是由各个要素综合作用决定的，是系统内部各要素相互联系、相互作用产生的某种协同效应。系统整体性的强弱，要由各要素之间协同作用的大小决定。在航空维修安全系统中，影响因素很多，叠加在一起整体影响力会大大增加，所以为了确保系统安全功能的最大化，必须对人、装备、能量、信息、管理及环境等要素统筹兼顾，综合管理，增加系统安全因子的整体功能，削弱系统危险因子的整体功能。决不能头痛医头，脚痛治脚，割裂各要素，抓住一点，忽略一片，那样只能使事故预防的效率降低，事倍功半。

任何一个系统都有它的明确目的，否则，也就失去了这个系统存在的价值和意义。航空维修安全系统的目的，就是为航空维修安全的发展提供服务和保障，系统中各子系统的目的，就是为实现航空维修安全系统的安全发展服务。系统的目的性要求正确地确定航空维修安全系统的目标，并运用各种手段促进目标的实现，达到系统整体最优。因此，必须运用系统的观点分析、确定航空维修安全系统的总目标和人、装备、能量、信息、管理及环境等子系统目标之间的关系，保证各子系统在系统总目标的指导下，协同配合，分工合作，在完成各子系统目标的同时，达成系统的目的。为此，在人的系统中，需要广泛应用教育手段，强化维修人员的安全意识，端正安全态度，养成安全习惯，提高安全素质。

在系统整体和各个要素的相互关系中，整体居于主导地位，系统中的各个要素则居于次要的、服从的地位，其性能和发展必须服从和服务于系统整体的要求。而在系统内部各要素之间，由于其在系统中所处位置不同，发挥的作用也不同。尤其在复杂系统中，各要素的地位就更加复杂。有些要素处于主导和支配地位，有些要素处于从属和被支配地位。在安全管理工作中，必须要弄清其关系和层次，对症施治，充分发挥各个要素的功能和作用。在航空维修安全系统中，维修人员是主体，是系统中的能动因素，在实际工作中，必须牢牢抓住维修人员这个关键因素，充分发挥其能动作用，通过提高维修人员的素质，带动事故预防工作的全面落实和整体提高。

4. 航空维修安全的发展观

唯物辩证法不仅是联系的学说，而且也是运动发展的学说，绝对静止和不变的事物是不存在的，整个世界是一个运动发展的过程。哲学的发展观要求我们在处理维修安全问题的时候，要运用发展的观点，在动态中把握实现航空维修安全的规律和方法。众所周知，航空维修安全系统是一个动态的系统。其构成要素会随着社会政治、经济、科技、文化和军队建设的发展等因素的变化而有所改变。因此，在航空维修安全的科学研究中，必须加入时间的概念，在动态中加以认识，打破僵化的思维模式和各种陈腐陋见，不断研究新情况和新问题，在全面了解航空维修安全现状的基础之上，科学地预测未来状况，预先采取防范措施，确实做到预防为主。

应用马克思主义动态的、永恒的、发展的观点看待航空维修安全问题，会发现航空维修安全所反映的内容和矛盾会随着时代的发展而变化，在不同的时期、不同的阶段，航空维修安全所遇到的问题也会不同。今天的维修人员不同于昨天的维修人员，他们的价值观念、人生追求、社会态度、道德情操都带有鲜明的时代特征，且不可避免地会影响到其安全态度、维修行为。今天的装备维修条件也今非昔比。所以，必须用全新的视野来分析今天的维修行为，用全新的观点来看待今后的航空维修安全问题。

5. 航空维修安全的认识观

为了安全，就必须正确认识事故，了解事故的特征。只有牢牢把握住了事故的本质属性，客观全面地对待事故，科学准确地分析事故，航空维修安全工作才能真正做好。

在航空兵部队工作中，安全工作历来备受重视，安全重于泰山，领导责任重，基层压力大，一起事故可以抹杀所有工作成绩，葬送个人的进步和前途。对于事故，不可不畏。但如何畏？这是值得我们思考的问题。有的人害怕事故的结果，担心飞行事故的严重后果出现；有的人害怕事故隐患，担心事故因素的激变。同样一个畏字，但畏的对象不同，看问题的角度不同，则效果也不尽相同。如果畏的是原因，善于从蛛丝马迹、表面现象中看到问题的根本，找准发生事故的症结所在，对症下药，则事故就能有效避免。如果畏的是结果，着重于结果的处理，虽然亡羊补牢，犹为未晚，但事故损害已成事实。在当前的航空维修安全管理工作中，畏果的思想相当严重，有些人对事故隐患、事故苗头不以为然，思想上不重视，发生事故后，不是认真分析，查找原因，而是大事化小，小事化了，百般遮掩，事故处理轻描淡写，久而久之，维修人员对维修违规违法行为漠然视之，最终必然导致事故的发生。事实上，有因才有果，因是根源，果是因的表现形式，在航空维修安全管理工作中，必须要辩证处理事故的因果关系，做到畏果更畏因。这样才能达到事先预防、主动预控，真正做到预防为主。

在正确认识事故时，还必须正确处理事故的必然性与偶然性之间的关系，认识事故的随机性，树立可预防性的观念。上述畏果的思想根源就在于没有正确认识事故发生的必然性与偶然性联系。必然性就是客观事物的联系和发展中不可避免、一定如此的趋势。偶然性是在事物发展过程中由于非本质的原因而产生的事件，它在事物的发展过程中可能出现，也可能不出现，可以这样出现，也可以那样出现。必然性和偶然性不仅相互联系、相互依赖，而且在一定的条件下可以相互转化。

事故发生的偶然性，使有些同志错误地产生事故不可捉摸的思想认识。这种认识给维修安全管理工作带来普遍的精神压力，一边要提高维修保障能力，一边还要提心吊胆，担心冷不丁冒出个事故来。认为事故是偶然现象的堆积，没有什么规律可循是错误的。任何偶然性的背后，都有必然性支配着，没有脱离必然性的偶然性。航空维修事故是维修过程中人、装备、环境、信息、管理之间矛盾激化的结果。只要有矛盾和冲突的存在，就可能发生航空维修事故，这是必然的。从事故发生的必然性与偶然性的关系出发，可以发现事故是完全可以认识和把握的。只要我们善于抓住根本，把握事故发生变化的客观规律，就一定能把事故预防工作做好。

6. 航空维修安全的情感观

航空维修安全维系人的生命安全与健康，"生命只有一次"、"健康是人生之本"，生命与健康是人类赖以生存的基础，是社会进步与发展的条件，是部队战斗力的重要元素。生命珍贵，健康无价。在物质高度文明的今天，珍爱生命，关爱健康，是现代人应该具有的生命观。而航空维修事故会无情地摧毁人们的健康，残害人们的生命，毁灭人类的安全。航空维修事故的发生就意味着生存、康乐、幸福、美好的丧失。因此，我们在充分认识航空维修事故危害的同时，更应该充分理解生命与健康的意义，更加重视生命与健康的价值。善待生命，珍惜健康，应该成为每一名维修人员应该具有的情感观。

树立了正确的维修安全情感观，就会自觉反省自己的行为，自觉维护航空维修安全，自觉关爱他人和自己。能够关爱生命，就会少些冒险行为，能够充分认识生命的价值，就会更加谨慎地投入维修工作，更加严格地约束行为，就会从生命防护的高度理解维修安全工作，重视维修安全工作，就会严格落实规章制度，自觉遵守、维护安全法规。

正确的维修安全情感观不是空穴来风，不是凭空臆造的，它需要机务官兵通过"爱人、爱己"、"有德、无违"的实际行动来体现，需要"从我做起"、"从点滴做起"的实践行为来塑造。它要求维修安全管理工作必须时时"用情"、处处"用心"，以人为本。所谓"用情"就是用热情的宣传教育激励机务官兵；用衷情的服务支持机务官兵；用深情的关怀保护机务官兵；用柔情的举措温暖机务官兵；用绝情的管理规范官兵的行为；用无情的事故启发机务官兵。所谓"用心"就是要狠心，严格管理，不"失之于宽，失之于软"；要静心，不急不躁，静下来思考，沉下去落实；要细心，用心于细微之处，多做未雨绸缪的工作，少搞亡羊补牢的事情。

1.3 航空维修安全的基本观点

　　航空维修安全的思想理念是关于航空维修安全发展建设、安全保障与安全管理等基本问题的理性认识，是关于航空维修安全的一般认识论和方法论，也是航空维修安全基本规律的集中反映。它为人们正确认识和指导航空维修安全领域的各项活动提供基本思想理论观点。航空维修安全的基本观点主要包括适应安全发展、科技进步推动、以人为本、加强安全文化建设、注重系统预防、注重防差错设计与改进、强化质量管理等内容。

1.3.1 适应安全发展的观点

　　胡锦涛主席针对我军新世纪新阶段担负的历史使命，提出了全军要牢固树立安全发展理念的要求，把安全提高到安全发展的高度，为我军在科学发展观统领下又好又快地发展，指明了方向，也为我军装备建设发展指明了方向。当前，空军建设正处于机械化信息化复合发展的新阶段，武器装备不断更新，体制编制不断调整，思想观念不断变化，军事训练不断加强，但随之而来的安全风险也明显增强，尤其是装备维修事故造成的损失和带来的影响明显加大，空军安全发展面临的任务十分艰巨。航空装备是空军装备的主要组成部分，结构复杂，技术密集，价格昂贵，航空维修人员素质能力要求特殊，培养训练周期长、费用高，事故造成的损失特别巨大，对空军安全发展具有重大影响。因此，航空维修安全系统的建设发展既是空军安全发展的重要内容，又对空军安全发展具有重要的基础保障作用。

　　航空维修安全系统的建设发展必须服从空军安全发展的全局，在深刻理解胡主席关于安全发展理念的本质内涵和基本要求的基础上，正确认识和把握航空维修安全与发展、保战斗力与保安全的辩证关系，正确认识和把握航空维修安全的基本规律，处理好航空维修安全需求与安全保障能力之间的矛盾，加强航空维修安全的组织领导体系、法规制度体系、教育培训体系、应急救援体系、基础防范体系和检查监督体系建设，突出维修安全的人才建设和文化建设，不断增强航空维修安全发展的预见性、科学性和有效性，为空军安全发展做出积极贡献。

1.3.2　科技进步推动的观点

随着当代科学技术迅速发展，高新技术广泛应用于航空装备，显著地增强了航空装备的复杂性，对装备的安全性要求日益提高。高新技术渗透和物化于航空维修安全的诸要素中，对增加航空维修安全保障的科技含量，实现航空维修安全水平的提升，起着越来越大的作用。

21世纪，航空维修安全发展建设必须依靠科技进步，加快现代化建设的步伐，依靠科技进步推动航空维修安全建设发展，一是要适应新型航空装备的安全需求，重点开发装备性能检测、状态监控、故障诊断、装备修理和抢修等方面的先进技术，配套研制航空维修安全的保障装备和设备，改善保障条件，把装备安全保障手段提高到一个新水平。二是要重点研究开发维修安全性技术，包括安全性分析、设计、验证与评价技术，危险及控制技术(能量控制、消除和控制危险、隔离、闭锁、锁定和联锁、告警、冗余、降额等)，提高装备的固有安全性水平，促进航空维修安全的"优生"。三是要充分运用计算机技术、信息技术、网络技术和指挥自动化技术，研制开发维修安全的信息化系统，并把维修安全信息系统和预测预警系统分别纳入航空维修管理信息系统和航空维修保障指挥系统，提高航空维修安全管理水平。

1.3.3　以人为本的观点

以人为本，是科学发展观的重要思想，是深刻认识和高度重视人的重要地位和作用并由此而产生的一种新的发展理念、新的思维方式和新的价值取向。在航空维修安全建设发展中坚持以人为本，就是要高度认识人在航空维修安全发展建设中的地位作用，注重提高人的安全能力素质，丰富人的内涵，实现人的信息化，充分发挥人的积极性、创造性，重视人的生命安全与健康，以有效的人才战略来保证航空维修安全建设的快速发展。

坚持以人为本，推动航空维修安全发展建设，关键在于培养和造就一支高素质新型维修安全人才队伍。维修安全人才的培养和能力素质的提高主要靠教育训练。必须把维修安全教育训练真正放到战略地位，通过深化教育训练改革推动安全人才队伍建设和发展。要立足现实，着眼未来，完善维修安全教育训练体系，建设具有军队特色和航空维修特色的安全科学与工程学科，加强维修安全科学理论研究和工程技术研究。加强维修人员安全防护技能训练、安全操作技能训练、紧急避险训练、自救互救训练，提高维修人员防范事故的能力和素质。对人才需求进行科学预测，制定培养计划既要满足当前急需，又要适应发展需要，在培养数量、规格和专业知识结构上适度超前。

坚持以人为本，推动航空维修安全发展建设，要注重人的因素研究。要加强人的行为研究，认识人的异常行为导致飞行事故的规律，研究如何强化人的安全行为，预防事故发生，改变人的异常行为，控制事故发生的对策措施。

坚持以人为本，推动航空维修安全发展建设，要牢固树立重视人的生命与健康的情感观。"生命只有一次"、"健康是人生之本"；反之，事故对人类安全的毁灭，则意味着生存、康乐、幸福、美好的毁灭。因此，在维修安全发展建设中，要充分认识人的生命与健康的价值，强化"善待生命，珍惜健康"之理。

1.3.4　加强安全文化建设的观点

航空维修安全文化是在装备维修的长期发展和在装备的全系统全寿命过程中，装备维修人员从事安全活动所创造的安全价值观、安全行为标准与物质形态等的总和，是提高装备的安全性、保护装备人员的安全和身心健康、尊重人的生命、实现人的价值的文化。它包括航空维修安全思想和意识、安全价值观和审美观、安全作风和态度、安全管理机制和行为规范，为保护官兵身心安全与健康而创造的训练、作业和生活的环境和条件等。

安全文化与安全工作相比，安全文化更体现为一种认知的内化，更彰显一种人文的特性，更具有深刻的价值观、思维方式和环境氛围的特征。如果说法规制度的约束对航空维修安全的影响是外在的、立竿见影的和被动意义上的，那么文化的作用则是内在的、潜移默化的和主动意义上的，具有其他约束无法比拟的优越性。航空维修安全文化所具有的凝聚、规范、辐射等功能对装备建设发展和使用维修保障会产生巨大的推动作用，对保障装备安全具有基础性作用。美军为实现 A 类飞行事故减半的目标，采取的三大措施之一就是加强安全文化建设，并收到显著成效。在航空维修安全发展建设中注重安全文化建设，就是要高度认识安全文化在航空维修安全发展建设中的作用，把安全文化建设放在重要位置。

一是要加强组织领导，统筹规划计划，确立安全文化建设的核心内容及目标，明确安全文化建设的方法步骤和模式。二是要深化理论研究，构建航空维修安全文化的理论体系。三是要突出航空维修安全观念文化、安全行为文化、安全管理(制度)文化、安全物态文化建设。在航空维修安全观念文化建设方面，要树立质量第一、预防为主的观念，树立安全就是保障力、战斗力的观念，树立安全就是效益的观念，树立安全超前、安全管理科学化的观念等。同时还要有自我保护意识、事故防范意识和防患于未然的意识。在安全行为文化建设方面，要在安全观念文化的指导下，进行科学的安全思维，强化高质量的安全学习，执行严格的安全规范，进行科学的安全领导与指挥，掌握必要的安全自救技能，进行合理的安全操作。在安全管理(制度)文化建设方面，要科学地制定法规、标准和规章，严格执法程序。建立法治观念、强化法制意识、端正法制态度，培养自觉的守法作为。同时，安全管理文化建设还包括行政手段的改善和合理化，经济手段的建立与强化等。安全物态文化建设，一方面要追求航空技术装备、设备、生产工艺等的本质安全化，另一方面要强调航空装备、设备等人造物与使用环境(自然)、与人相适应的安全装置、仪器、工具等物态本身的安全条件和安全可靠性。四是要继承发扬我军优良的战斗、维护作风，培育安全道德。要大力宣传和继承"团结奋斗、艰苦创业、勇于献身、开拓前进"的"老航校"精神，"一切为了空战胜利"的抗美援朝战斗精神，牢固树立装备维修工作"两个负责"的价值理念，坚持"极端负责、精心维修"的职业道德，从细微入手、从点滴抓起，注重细节、关注环节，培育"认真负责、准确迅速、团结协作、刻苦耐劳"的优良维护作风。并要针对航空装备跨越式发展和安全发展的要求，坚持与时俱进、开拓创新，不断丰富和发展航空装备安全道德规范和优良维护作风，形成具有航空装备特色的安全价值观、安全行为标准。五是要加强教育，不断提高装备人员安全素质。坚持安全教育，做到经常化、制度化和规范化。深化教育训练改革，培养安全科学与工程方面的硕士、博士，在生长干部学员中开设维修安全课程，对部队广大官兵开展维修安全科学知识培训。通过教育，提高广大航空维修人员安全素质，增强做好安全工作的责任感和自觉性，达到人人学安全、人人想安全、人人保安全、人人会安全的效果和境界。通过航空维修安全文化建设，运用安全文化的力量，促进航空维修安全水平的不断提升。

1.3.5 注重系统预防的观点

航空装备的信息化、智能化、复杂化发展，影响航空维修安全的因素趋于多元化和复杂化。与此同时，航空维修安全系统的整体性、协调性、相关性、动态性和适应性等问题也十分突出，事故致因变得错综复杂。因此，要有效预防和减少维修事故，必须以系统安全理论为指导，以维修系统本质安全化为目标，从装备全系统、全寿命管理入手，采取综合性措施，进行系统性预防，才能达到预期目标。

在航空维修安全要素方面，要不断追求其本质安全化。如在人的方面，不但要提高人的知识、技能等方面的素质，还要从人的观念、伦理、情感、态度、认识、品质等人文素质入手，建设安全文化，为实现"个人维修零差错，单位维修零事故"奠定文化基础；在装备因素方面，要加强全系统、全寿命的质量安全管理，通过提高装备的设计质量、制造质量、维修质量，提高航空装备使用维修的安全水平，通过采用先进的安全科学技术，推广自组织、自适应、自动控制与闭锁等安全技术，提高航空装备的安全可靠性。

在航空维修安全系统的整体优化和匹配方面，要不断追求系统安全效能的最大化。航空维修安全系统是一个复杂的人—机—环境系统工程，人、机、环境各要素在航空维修安全中起着不同的作用，它们相互联系和作用，共同影响着航空装备的安全。应当从人—机—环境系统工程角度，采取科学的技术方法，使人、装备、环境要素有机结合、优化匹配，使装备与人具有良好的匹配性，与环境具有良好的适应性；从维修安全系统运行的角度，要科学确定其结构、功能和体制，合理确定航空维修安全要素的数量、质量以及它们的组合状态和配置方式，建立健全航空维修安全系统运行的调控机制、评价监督机制和激励约束机制，以利于系统整体效能的发挥。

从航空维修安全综合治理方面，努力实现对维修危险因素的全面控制。要坚持工程技术硬件手段与教育、管理软手段相结合，部队、机关与院校、研究院(所)、航空工厂相结合，事后查处与超前预防相结合，行政手段、法制手段与科学文化手段相结合，装备研制与使用维修、退役处理相结合，空中飞行安全与地面维修保障安全相结合，形成综合治理、系统预防的体系和工作机制，从而达到对装备危险因素全方位控制的目的。

1.3.6　注重防差错设计与改进的观点

飞行事故统计分析表明，在人因飞行事故中，约有 70%是由飞行、维修等各类人员操纵(作)不当(差错)引起的。注重航空装备的防差错设计与改进是有效预防飞行事故、提高航空维修安全保障能力的有效途径。

航空维修差错是航空装备维修保障人员因受到各种外在和内在因素的影响而导致的错误行为，使航空装备维修活动发生偏差和错误，不能达到预期目的，并伴随有航空装备状态异常、设备损坏或人员伤亡等事故后果。航空装备维修差错的发生具有必然性的特点。墨菲定律认为，完成某一项工作，不管发生差错的可能性是多么小，但随着该项工作重复次数的增多，差错迟早总会发生。当工作次数趋于无穷大时，发生一次以上差错事件的概率为 1(100%)。长期的航空维修安全实践，证明了墨菲定律的正确性。

航空维修差错的发生具有必然性，并不是说差错是无法预防、无法控制的。注重对航空装备进行防差错设计与改进，一直是装备安全工作的重要内容。一般地讲，装备维修差错发生并危及飞行安全，必须具备三个条件：一是装备结构上存在着出现差错的可能；二是人出了差错；三是管理上出现漏洞。在这三个条件中，人是起主导作用的条件，这是因为装备在结构上存在出差错的可能性是客观存在的，操纵(作)和管理都是靠人去实施的，所以差错的发生最终取决于人是否出差错。装备维修差错的产生以致最终造成危及安全的后果，是由这三个基本条件构成的事件一环扣一环，形成一个事件链，最终导致事故后果。

因此，加强航空装备的防差错设计和改进，要以人为中心，采取综合性措施。一是要强化航空装备维修性、安全性等设计，最大限度地减少装备结构缺陷。在航空装备的论证和设计阶段，通过改进维修性、安全性设计，综合考虑使用维修差错的预防问题，使航空装备具有完善的防差错措施及醒目、完整的安全警示标志等。有针对性地改变被操作机件的关联状态，使之不能容忍人的差错，或者一旦发生差错，就能立即提供明确的反馈信息，以降低对人的内部反应能力(包括识别、判断、采取对策等内心活动)的要求；尽量减少机件的操作项目，简化繁复的操纵动作，降低人对机件信息识别判断的难度，以达到减少人为差错的目的；对飞机上经常进行检查操作和维修拆卸的零(部)件，要使操作结果能显示明确无误的反馈信息。例如，油箱盖未盖好的差错，往往直接导致严重飞行事故。为了防止油箱盖盖不好，美国空军F—15飞机的燃油箱加油口盖设计的与飞机外蒙皮平齐，油箱盖好后，拧紧把手才能放倒卡在规定位置；否则，拧紧把手就像警告牌一样立在飞机蒙皮之上，空地勤人员很容易发现。二是要加强防差错教育与专业训练。通过防差错教育与相关的专业训练，增强航空装备维修人员的安全意识和对防差错重要性的认识，熟悉并认真执行防差错措施，养成良好的作业习惯，从而有效地减少装备使用维修差错的发生。三是要落实人素工程的要求。现代人素工程研究告诉我们，人的体力、精力是有限的，特别是在环境恶劣、身心疲劳的情况下，记忆力、思维敏捷性和行动准确性明显下降，容易发生使用维修差错。因此，必须重视改善航空装备维修人员的工作条件和生活条件，保证必要的休息时间，使他们保持良好的生理和心理状态，在良好的工作环境条件下从事航空装备维修作业。四是要加强安全监督与检查。认真贯彻落实安全工作责任制，对航空装备维修作业现场加强安全监督，组织安全检查，发现问题，及时研究处理，为安全操作与作业创造良好的环境和条件。

1.3.7 强化质量管理的观点

航空维修安全实践表明,约有95%的机械原因飞行事故与装备的设计质量、制造质量、大修质量和维护质量有关。因此，要有效提高航空装备的使用效能和安全水平，必须强化航空装备的质量管理，在提高维修的综合质量上下功夫。

科学合理的装备维修可以保持、恢复装备规定的技术状态和改善航空装备性能，保障航空兵部队作战、训练和其他任务的遂行和飞行安全。但不良(当)的装备维修会直接影响装备的使用效能和飞行安全。装备大修的工艺水平、零部件质量、检测设备质量、技术人员水平、装配质量和质量管理水平等，都会对装备大修质量产生影响，任何一个环节出问题，都可能留下安全隐患。

据统计，在机械原因飞行事故中，与大修(翻修)质量有关的约占30%；维护质量问题突出表现为维护差错，具体来说就是在维护工作中的错、忘、漏等差错直接导致事故发生。例如，飞机加错油、少加油，重要机件安装时出现装错或漏装，在飞机座舱、发动机舱、进气道等关键部位遗漏工具或其他外来物，飞机检查工作中漏项、失误等情况都可能导致飞行事故的发生。据统计，在机械原因飞行事故中，与维护原因有关的约占12%。因此，要提高航空装备的维修质量，必须强化维修质量管理。

一是要确定和落实航空装备维修质量方针和质量目标。航空装备维修质量方针，是航空装备维修管理的方向和总目标，即坚持质量第一，保证航空装备技术状态的完好、可用，保证作战、训练任务的遂行和飞行安全。贯彻落实航空装备维修质量方针和目标，应当建立质量责任制，明确规定质量形成过程各个阶段、各个环节中每个部门、每个人员的质量职责和权限，做到质量工作"事事有人管，人人有专责，办事有标准，工作有检查，业绩有考核"。从而把与航空装备维修质量有关的各项工作和全体人员的积极性结合起来，使航空装备维修形成一个严密的质量责任系统。贯彻落实质量方针和质量目标，应当制定相关政策措施(如人员培训、考核验收标准、奖励措施等)，采取多种形式加强宣传，以确保质量方针和目标能被全体人员所理解，并落实在行动上。应当将质量管理作为维修管理的中心工作，将航空装备维修质量作为一种文化加强建设，使所有维修部门和全体维修人员树立质量第一的观念，树立质量就是生命、质量就是战斗力、质量就是保障力的观念，使航空装备维修质量要求成为航空装备维修人员的自觉行为。

二是要建立航空装备维修质量管理体系。航空装备维修质量管理体系，是指为组织实施航空装备维修质量管理，保证装备维修质量满足规定的或潜在的要求，由维修组织机构、职责、程序、过程和资源等构成的有机整体。建立健全航空装备维修质量管理体系是实施维修质量管理的基础和重要前提条件。建立航空装备维修质量管理体系，应首先确立装备维修质量方针和目标；然后，确定与实现装备维修质量方针和目标相适应的组织机构、职责、程序、过程和资源等要素。将上述要素在航空装备维修质量方针的指引下，围绕装备维修质量目标的实现，使其形成一个有机整体。航空装备维修质量管理体系的建立，应当在贯彻 ISO 9000 系列标准的基础上，在装备维修质量方针和目标的指引下，结合装备维修系统自身的特点，以维修管理体制、维修作业体制和维修专业分工为基础，建立和完善维修质量管理组织体系；以可靠性为中心的维修思想为指导，以保持和恢复航空装备可靠性的控制过程为主线，以确定和达到航空维修质量要求的技术和管理活动为基本内容，确定维修工作过程、维修工作策划过程以及维修质量改进和提高过程；以装备维修工作条例、航空机务工作条例、航材保障条例、航空维修一线管理细则和有关规程为基础，根据不同装备型别、航空维修类别等具体情况，制定具体的维修质量管理相关规定和要求，形成航空装备维修质量保证的文件体系；在此基础上，还应强化各类航空维修人员的培训，提高其综合素质和技术及管理水平，优化配置维修物质资源，构成完整的航空装备维修质量管理体系。航空装备维修质量管理，就是通过运行和实施装备维修质量管理体系，保证装备维修质量得到持续改进和提高。

三是实施全面质量管理。航空装备维修全面质量管理是应用全面质量管理理论、方法与手段，对航空装备维修质量实施管理的综合体系和过程，具有全员性、全程性、系统性等特点。实施航空装备维修质量全面管理，必须做到全员管理、全过程管理和全系统管理，并在实际管理工作中将它们有机结合起来。全员质量管理就是要组织航空装备维修系统全体人员参与质量管理，完成质量目标所赋予的职能和任务；航空装备维修全过程质量管理就是要从维修质量形成的全过程，对设计、生产、使用与维修等各个环节进行有效管理，做到防检结合，以防为主；航空装备维修全系统的质量管理，就是不仅要抓好主装备的各种质量特性的管理，也要抓好保障系统的质量管理，使主装备与保障系统能够形成性能完善、配套齐全、状态良好的完整系统。不仅要抓好航空装备维修系统各个层次的质量管理，也要抓好影响维修质量的全要素管理，通过控制维修人员、维修设施设备、航材、维修法规以及环境等各项要素对航空维修质量的影响，最大限度减少或消除这些要素的负面作用，充分发挥其积极作用，达到控制和提高航空装备维修质量的目的。

第2章　航空维修安全特点规律

通过分析航空维修安全工作的突出特点，归纳影响航空维修安全的主要因素，研究促进航空维修安全的基本规律，回顾航空维修安全工作的历史沿革，总结航空维修安全工作的经验教训，为指导今天的航空维修安全工作实践提供有益借鉴，以确保在科学的轨道上开展航空维修安全工作。

2.1　航空维修安全工作的突出特点

航空维修安全工作的突出特点主要体现在复杂性、随机性、相对性、经济性、潜隐性、周期波动性和局部稳定性等方面。

2.1.1　复杂性

航空维修安全的复杂性源于装备安全系统影响因素的复杂性和系统运行的复杂性。系统的复杂性从科学的角度可以从必要性和充分性加以证明，这里仅就安全系统的影响因素分析就足以说明其复杂性的程度，主要体现在四个方面。

一是航空装备系统复杂性的影响。航空装备系统由多种型别、多种功能的飞机组成，具有多代多型并存的客观状况。一方面，航空装备系统的何种飞机，什么系统、哪个零部件发生不安全事件，具有不确定性和随机性。另一方面，航空装备的使用和保障具有多样化、复杂化的特征，面临着老机耗损性故障多，新机规律认识不深刻等严峻挑战，增加了航空装备使用和保障的不安全因素；随着航空装备信息化、智能化、复杂化程度的显著提高，影响装备质量安全的因素增多，质量安全管理更趋复杂。不仅需要重视主装备本身的质量安全，而且需要高度重视保障装备、保障设施等保障资源的质量安全。不仅需要重视使用维修过程的安全性、可靠性，而且需要重视装备与人、环境的适用性。不仅需要重视装备的硬件质量安全，而且需要重视装备的软件质量安全。同时，由于系统结构的复杂性和高新技术密集，其作用机理复杂，使人为差错控制的难度显著增加；从现代作战飞机来说，现代作战飞机是高技术集成的装备，往往由多个子系统、成千上万个的零部件组成，这些零部件科技含量高，故障模式和影响各异，任何一个发生故障或失效，都有可能影响安全。这些因素的综合作用导致航空维修安全具有极大的复杂性。

二是"人"的复杂性影响。航空维修安全系统的"人"包括使用维修人员、指挥管理人员、后勤保障人员等，航空维修安全人员构成具有复杂性；在装备的全寿命过程中，人既是保证安全的决定性要素，也是导致事故的主要因素。人作为一个有机体，是有限理性的，外部任何一个干扰信号，都会使人员产生相应的生理反应或智能反应，从而在航空装备维修保障过程中造成不当行为，甚至造成严重后果。统计研究表明，由于航空技术的迅速发展，人因导致的事故比例呈上升趋势，约占事故总数的75%以上。航空维修安全系统的人作为社会的人，其政治素质、专业素质、身体素质、心理品质和作风纪律等状况受到多方面因素的影响，参差不齐，而人的行为本身具有随机性、不确定性、隐蔽性和突发性等特点，这些特点也使航空维修安全具有复杂性。

三是环境变化及其所产生影响的复杂性。航空维修安全系统的环境包括保障环境、自然环境和社会环境等，由于航空维修安全系统是一个开放的复杂系统，其运行必然与运行环境产生物质、能量和信息的交换，环境变化必然会影响航空维修安全系统的运行。显然，航空维修安全系统的环境变化具有多方面的不确定性。就自然环境来说，何地何时会产生低空风切变和下冲气流，何处何时会发生晴空湍流、雷暴、飞机结冰条件等，都很难精确预测。

四是影响要素组合的复杂性。以上三种复杂性，在时间、空间上的一定方式的组合会使安全系统复杂性以指数方式增长。具体地说，航空维修安全系统在每个时间、空间点上都存在的这三种复杂性，对于时空跨度较长的飞行事故预测预防而言，会以指数方式累积成巨大的复杂性，并使安全系统不存在稳定的某种意义上的规律，即是其中存在"复杂性规律"，鉴于多种因素的内外影响和动态影响，也将破坏这一所谓的"规律"，使安全系统的"规律"具有复杂性。

2.1.2　随机性

航空维修事故的发生，是由于客观存在的不安全因素随时间的推移累积而出现某些意外事件造成的，这些意外事件往往又是不可预知的，也就是说，航空维修事故在一定的条件下，可能发生，也可能不发生，存在着一定的偶然性。换言之，即使完全掌握了航空维修事故的发生原因，也不能保证绝对不发生事故，这是因为航空装备本身是一个复杂系统，同时又在一个更大的复杂系统中运行，复杂系统的叠加影响可能导致更多的不安全随机因素存在。按照事件链理论，航空维修事故事件链的每一个环节都是随机事件，尽管单个事件在一般情况下不足以引发事故，但这些事件在某种条件下形成连锁反应，事故就不可避免了。

事故致因理论和实践证明，航空维修事故往往是多种因素共同作用或相互影响的结果，其中的多种因素本身就是随机发生的(如飞机故障、操作不当、人员身体不适、复杂气候影响等)，而这些随机因素正好耦合或相互影响形成连锁反应也具有随机性。实践证明，航空维修事故的发生是一个随机事件，从而使航空维修安全具有显著的随机性特征。

2.1.3 相对性

由于人们只能逐步揭示维修安全的运动规律，提高对安全本质的认识，向本质安全化逐渐逼近，因此，维修安全标准是相对的。影响维修安全的因素很多，维修安全的内涵引申程度及标准严格程度取决于人们的生理和心理承受范围、航空科技发展的水平和政治经济状况、社会的伦理道德和安全法学观念、人民的物质和精神文明程度现实条件等。维修安全标准应当成为保护人员、航空器以及居民、环境和相关设施设备不造成任何损害和危险的规范，并以严格的科学依据为基础。由于人们接受的相对安全与本质安全之间有差距，现实安全标准是有条件的、相对的，并随着航空科技和社会的物质和精神文明程度的提高而提高。

2.1.4 经济性

航空维修安全的经济性作为维修安全的一种基本特征，表征了装备维修与经济之间相互依存和相互促进的辩证统一关系。

一方面，保证维修安全可以促进经济效益增长。无论是民用航空装备，还是军用航空装备，不但研制周期长、费用高，而且采购费和使用维护费用也相当高，一旦发生事故，尤其是重大航空事故，造成的损失是相当巨大的。航空维修安全能够控制来自人为、装备本身和自然的风险，预防和避免重大事故及灾害的发生，保护国家财产和人民生命安全，减少社会危害和经济损失。保证了装备和人员不出现危险、伤害和损害(本身就减少了经济负效益)等于创造了经济效益。

另一方面，航空维修安全的实现也需要经济的投入。国家、航空公司和军事部门投入安全研究的经费多少，一定程度上反映了对航空维修安全的重视程度，直接影响研究成果质量和维修安全水平的提高。维修安全的经济投入包括安全性设计、生产工艺、安全装置、安全技能培训、防护设施、安全作业条件改善、防护用具等方面，这些都是航空维修安全的前提和基础。由此可见，提高航空维修安全既可以减少经济损失，创造经济效益，也需要一定的经济投入加强建设，具有显著的经济性特征。

2.1.5 潜隐性

航空维修安全的潜隐性主要体现在两个方面。

一是造成维修事故的危险源具有潜隐性。系统安全认为，装备系统的危险源是引发事故的根本原因，而危险源又分为第一类和第二类，第一类危险源主要是指装备的不安全状态，基本上可以在设计制造阶段加以控制，但也存在潜隐性问题，如疲劳断裂、安全装置的可靠性等。第二类危险源主要是指人的失误、环境影响和装备故障等，它的出现受多种因素影响，具有复杂性、随机性特点，因而更具潜隐性，是一种更隐蔽、更危险的不安全因素。而这种因素由于具有潜隐性往往在事故预防中可能被人们忽略，所以，这种危险源是导致装备事故的主要因素。因此，航空维修事故一般都可以从第二类危险源中找到原因。

二是维修事故影响的潜隐性。广义安全的含义，不仅考虑不危及人的生命和躯体，还必须考虑对人的行为、心理造成的精神和心理伤害。而这种影响往往具有长期性和潜隐性。航空灾难对人的视角和心理的强烈冲击，往往会较长时间产生影响，使航空人员怀疑自己的能力，对自信心产生影响。使人们对航空器的安全性发生质疑，产生恐惧心理，直接影响经济效益和军事效益。航空灾难发生后，由于过度地采取整改措施，往往会给航空人员施加更大的心理压力，使某些心理素质欠缺人员的心理、生理发生非正常变化，使其在航空活动中更易发生失误。而这种心理、生理变化也具有潜隐性特点。航空维修安全的潜隐性问题应当高度重视、亟待研究，只有通过探索、实践才能使潜隐性趋于显现性，进而找到实现安全的方法和途径。

2.1.6 周期波动性

航空维修事故的统计分析表明，维修安全具有一定的周期波动性特征，即在一定时期内，事故的发生在宏观上呈现周而复始地由扩张到紧缩的循环运动状态(图 2-1)。这一特征实质上反映了航空维修系统在运行过程中反复出现的对均衡状态的偏离与调整的必然过程。航空维修安全周期是安全活动的宏观表现，是政治因素、经济因素、科技因素、管理因素、军事因素等共同作用的结果，它的变化取决于各种因素间的力量对比和各因素的变化。维修安全周期并不是严格数学定义的固定周期，而是一种类似于数学周期的波动周期。每个周期有各自的特点，即周期的持续时间不完全一样，周期的过程不完全一样，周期的波动程度不完全一样。

但是，每个周期都有大致相同的过程，即复苏、扩展、收缩、萧条。维修安全周期波动性是维修安全基本矛盾运动的必然表现，研究维修安全周期波动性，认识和掌握维修安全周期波动的客观规律，对避免维修安全系统的非正常波动，减少正常波动的幅度，促进航空维修安全有着非常重要的意义。

2.1.7　局部稳定性

无条件地追求绝对安全，特别是巨系统的绝对安全是不可能的。但有条件地实现人、单位、部门的局部安全或追求物的本质安全，则是可能的、必须的。只要利用系统工程原理调节、控制安全的要素，加强系统管理，就能实现局部的安全稳定。航空维修安全的实践表明，只要我们把安全工作的基点放在预防上，扎实工作，把握规律，就可以预防事故，把事故率降到较低程度。

中国国际航空公司就曾经有保持 47 年安全无事故的纪录，人们乘飞机都愿意乘国航的，因为它具有安全可靠的品牌；我军有的航空兵师连续 50 多年保持无飞行事故。显然，从航空系统的宏观角度看，飞行事故的发生是不可避免的，但从航空系统的局部、单位和个人来看，飞行事故又是可以预防和避免的，发生飞行事故的单位和个人总是极少数，绝大多数单位和个人都能保证飞行安全。从这个意义上讲，航空维修安全具有局部稳定性特征。

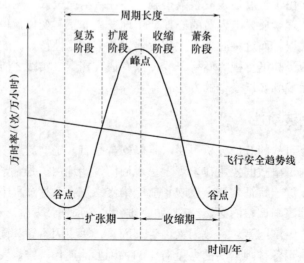

图 2-1　航空装备安全周期波动的四个阶段

2.2　影响航空维修安全的主要因素

从哲学上讲，原因和结果是一个完整的整体。没有无原因的结果，也没有无结果的原因，二者相互依存，缺一不可。特定的结果必然有特定的原因，但一种结果可能有多种原因，一种原因也可能引起多种结果。依此来分析维修问题导致的陆航装备事故，每起都有具体原因，而且大部分事故是由两个以上原因造成的。按照人—机—环境理论分析，大致可分为维修人员、航空装备、环境、能量、信息与管理等基本要素。其中，人的因素占大部分，装备因素次之，环境、能量、信息与管理因素比例较小。

2.2.1　人员要素

近几十年来，随着科学技术的突飞猛进，大量高新技术在航空装备上得到了越来越多的应用，航空装备的可靠性和安全性有了明显提高，维修人员使用的设备和程序也越来越复杂。但是，航空维修的一个主要方面没有改变，即大部分维修工作仍需由人来完成，人的能力的局限性和特性并无太大变化。大量新材料和电子系统的使用，致使航空维修工作量不断增加，老龄飞机存在的故障和缺陷日益增多，仍需要维修人员投入更多的精力去发现和排除。

此外，信息化条件下的局部战争中，航空装备出动率更高，战场环境更趋恶劣，亦要求在更短时间内提高维修效能。在诸如此类日益增多并日趋复杂的航空装备维修、维护工作中，维修人员要承受巨大的压力，这些变与不变的各种因素，致使维修差错成为影响航空安全的突出问题，也是影响战斗力生成的重要因素之一。

近年研究表明，与人为因素相关的飞行事故，已由原来的20%增加至80%；与维修人员相关的飞行事故，也呈上升趋势，有些飞行事故主要是由维修不当造成的。研究人为因素对维修工作的影响，努力降低维修工作中的人为差错，是世界各国航空界共同追求的目标。

1. **认知失误**

认知失误主要有两种情况：一是错误识别物体、信息、信号等。二是没有探测到问题状态(检查或监控失效)。导致错误识别的主要因素是：

(1) 相似性。正确和错误物体之间的外观、位置和功能类似。

(2) 模糊性。光照不好及信噪比的影响。

(3) 期望。看到自己所希望看到的。

(4) 熟悉。在非常熟练的习惯性任务中，感知会变得粗略。

错误识别涉及对我们感官收集到的信息进行错误的解释。这类差错是很多严重事故发生的原因。包括火车司机看错信号显示、飞行员错误解释仪表提供的高度信息等(尤其是老式的"杀手"——三个指针的高度表)。

导致错误识别的一个主要因素是正确物体和错误物体的相似性(在外观、位置或功能等方面的相似);在信噪比不好(光照不好、无法接近)时,情况会更糟。例如,一个飞机维修人员给飞机加液压油,等到加完油后,他才意识到自己加的是发动机的滑油。导致这一错误的原因之一,是在一个光照很差的储藏室内,滑油罐和液压油罐的形状几乎一样。

错误识别受期望的影响也很大,人们通常总是想看到自己希望看到的东西。人的知觉来源于两类信息:感官获得的信息和储存在长期记忆中的知识信息。感官信息越微弱或越模糊,感知受期望或储存知识结构的影响就越大。一旦形成了对当时情形的看法,即使有与其抵触的信息,也往往倾向于选择能证实自己预感的信息。顽固的习惯与期望类似,即尽管信息有时是错误的,人们仍会将粗略的感知信息与熟悉或预期的事物相匹配。

即使有高新的故障检测技术,大部分故障检测任务仍然依赖于人的眼睛来完成。这就容易出现这样的现象:之所以没有探测到问题状态,通常是因为在检查时忽视或忽略了一个可见的故障。导致没有探测到问题状态这一类差错的主要原因:

(1) 检查在检测到缺陷前受到干扰或被打断。

(2) 检查虽然完成,但是由于人的分心、内心考虑别的事情,就会疲惫或匆忙地完成。

(3) 人并没有期望在该位置发现问题。

(4) 注意到了一个缺陷,但是又往往忽略掉邻近它的另一个缺陷。

(5) 光照不好、污垢或油脂。

(6) 休息时间不够。

(7) 可达性不好。

此外,还包括经验不足、没有受过足够训练而无法知道应留心什么信号和征兆等。有时,还应考虑到人的视觉系统的生理局限,如需要在光照低的条件下进行一些专门技术检查时,检查人员可能不愿意等待 10 分钟或更长时间让自己的眼睛去适应黑暗。没有探测到问题状态差错还反映出警觉性下降的问题,即在一个持续时间过长、单调的检查任务中,大脑很容易受其他事物的影响而分心,而问题常常会在并不期望或不经意的时候被探测到。

差错经常按顺序发生,具有连贯性,一个差错会引发另一个差错的产生,会极大增加下一个差错发生的可能性,称为差错级联。差错级联还可能涉及到很多人，不同的人每人犯了一些错误，联系在一起就会形成系统防线的一个危险漏洞。

2. 记忆失效

一次对澳大利亚飞机维修人员进行调查，专家收集到 600 多份维修事故征候的报告中，记忆失误是最常见的差错形式，在 20% 的事故征候中都曾出现。

记忆失效包括编码(或输入)失效、储存失效、提取(或输出)失效、受到干扰后忽略和仓促结束等五个方面。记忆失效可能发生在信息处理的某一个或多个阶段。

1) 编码(或输入)失效

编码(或输入)失效是指没有给应记住的事项分配足够的注意，致使它从短期记忆(意识工作空间)中消失了。常见的编码(或输入)失效包括：没有记住已经被告知的事情，或没有注意到先前的行为。这两类现象中，前者就是所谓的"没记住"。如当某人被介绍给我们时，我们最可能忘记的往往是他的姓名，因为姓名是关于此人的新信息中的一部分，除非特别努力集中注意力在它上面(此时，我们常记不住他们的长相及职业)。就是说，分配适当的注意力给某事物，是日后能记住它的一个重要前提。第二类就是"忘记"现象。实际上，说没有用心记可能更恰当一些。这都是因为我们在执行熟悉的日常任务时，大脑几乎总在想其他的事，而往往会忽略手头或正在进行和发生的问题。上述实例中，正是由于我们对按顺序完成任务非常重视，注意力主要集中于此，结果却"忘记"了自己把工具放在什么地方，就像有时自己在到处焦急寻找某样东西时，结果却发现此东西实际上正被自己拿在手上。

其他编码或输入失效现象还有：

无法在一系列行为中确定自己所处的位置。我们在频繁的日常任务中突然"清醒"时，往往会无法即刻了解自己在行为序列中处于什么位置。失去正确位置差错可能造成的危险结果，是在试图找到正确位置时继续出错。这里可能出现两种差错：一是我们判断的位置比实际位置要靠前，因此忽略了一些步骤；二是判断位置比实际要靠后，因此重复了不必要的步骤(例如，在茶壶中放了需要的两倍茶叶)。

时间间隔体验。即记不起前几分钟自己行走或驾驶的方位，甚至记不住前一秒钟做过什么。如淋浴时会突然想不起是否已往头发上倒过洗发水。其原因，可能是应有证据(如洗发水)已经被清洗掉，而自己一直在想别的事情，就是没有用心留意日常活动的细节。

2) 储存失效

储存失效就是长期记忆中已记住的事物，发生衰退或受到干扰。这种现象可有多种形式，但最可能对维修活动造成不利影响的，是忘记了所要做的事情。对于即将要采取的行为或任务，有时人们并不是要马上进行。一般情况下，会将要完成的任务放在记忆中，等待恰当的时间和地点再执行。这种记住的意图称为预期记忆，但它特别容易被忘记或岔开思路，使行为没有按预想去完成。很多维修人员都很熟悉这样的场景，就是在回家的路上会突然想"我是否做过或没做过？""我是否确实换掉了口盖？我是否拿掉了工具？"

人们可能会将一个应记住的意图忘记得一干二净，一点痕迹都没保留，但更常见的是某种程度上的遗忘。当我们完全或部分忘记某意图的时候，那种感觉表现为"我应该正在做什么事吧"。这时，内心会衍生出一种含糊和不安的感觉，仿佛自己应该做什么事情，却无论如何也想不起来或记不得应该是什么事情和在哪里做。还有一种很常见的情况，就是想起了最初的意图，于是着手去做，但在做的过程中——经常会因为自己全神贯注于别的事情或者受到别的事情干扰而分心——从而忘记了自己做事的初衷。这些状况发生的地点可能是在商店、库房，还可能在自己家里。如你正站在一个打开的抽屉或食橱面前，却想不起来打开的目的是什么，自己到底是要过来拿什么东西。这就是"我究竟在这儿干什么"的感觉。还有一种可能，是你计划要完成某些行为，本以为已经完成但后来却发现被自己遗忘了。如当你回家四处寻找一封准备邮寄的信，最后发现信其实就在来回走过的走廊桌子上。

3) 提取(或输出)失效

提取(或输出)失效就是有些我们应知道的事物，在需要时却无法回忆起来。这是最可能出现的记忆失效方式。

这种基于技能的记忆失效往往随着年龄增长而更普遍，例如，无法想起"他的名字叫什么"。有时表现为自己觉得知道，但话到嘴边就是想不起来一个正确名字或单词。这期间，总会有一些其他的单词或名字进入你的思维，但你知道这些都不是自己想要寻找的，这经常会让问题变得很糟糕。这时，你会强烈地感觉到目标名字正以某种方式接近自己，也许会感觉目标名字的发音和出现很相似，或者音节数很接近，甚至与你正寻找的目标名字的人有关，或者是一个与此人一起工作的同事名字。

4) 受到干扰后忽略

受到干扰后忽略就是有时因受到其他事物干扰而"遗忘"后续行为，或者人的注意力转移到其他事物上而错误地进行后续行为。工作中，让人分心的身边事物可能会影响你无法执行原预计的必要工作。如你要拿一本手册，在将它从架子上拿下时碰倒了其他书，在将碰倒书放回原处离开时，却忘记拿走自己想要的手册。还有时，处理干扰的行为刚好是原定行为序列中的一部分，故在处理中将原定行为当作干扰行为进行了不恰当处理。

5) 仓促结束

仓促结束就是在没有完成一个任务所有工作时就终止了该任务。就像穿着袜子就去淋浴一样。当某项日常任务快要结束时，我们的思维会提前跳跃到下一个任务，此时就可能会遗漏第一个任务中最后需要完成的一些步骤。如在医院用压缩空气测试氧气分配系统，测试结束时，维修人员却使系统继续连接空气而没有连接到氧气上，造成系统无法正常供氧。

3．习惯性过失

1) 习惯性过失现象

在熟悉的情况下，人的行为通常可由"自动"模式引导。维修人员的技能越熟练、经验越丰富，就越能自觉地完成相当复杂的任务。日常生活中，我们在进行汽车换挡、系鞋带、梳头、打电话等行为时，只需要投入非常少的有意识注意力参与即可。维修工作也有很多熟悉的步骤，从而自动形成日常的技能。没有这些自动形成的技能，工作进展将非常缓慢。航空装备维修中，关上勤务口盖、补给液体、拉电路保险电门、拧紧螺丝和检查压力等看似平常的活动，完全可以不知不觉地成为基于技能的日常行为。人们并不非得会选择这种方式来完成任务。但无论愿意与否，都会在熟悉情境中逐渐形成自动技能。有时，当这些自动技能促使我们做一些未曾想过要做的事情时，才会意识到有一个自动化程序在无意中运行。美国机能主义心理学和实用主义哲学先驱威廉·詹姆士 1890 年就写到，如果向人们询问如何完成一个熟悉的行为时，大多数人会回答"我不知道，但我的手从来不会出错"。

有一种测试方法，可以检查一个人在任务被完成时是否达到自动化程度，就是看他能否在完成任务的同时进行与任务无关的行为。如驾驶技术不熟练的司机，在接近转弯或是通过交通繁忙区时，会停止交谈。一旦形成了处理这些情形的日常技能，人的注意力就可以放在其他地方，甚至可以在继续谈话、听收音机或者计划晚餐的同时保持对汽车的控制。

需要特别指出的是，当自动技能以不希望方式控制我们的行为时，就会产生行为过失。例如，电工要换一个灯泡，该灯泡旁边通常会有一个指示，告诉我们液压开关是否处在打开或是关闭状态。液压系统在受到其他影响不能开启时，电工知道启动系统是不安全的。然而，在更换灯泡后，电工在意识到自己正在做什么之前，会很习惯地将开关推到"开"的位置，以测试灯泡能否正常工作，而忽略该液压系统开启会造成什么不良后果。

图 2-2 描述了一个典型行为过失中涉及的主要特性。设想你在执行一个非常熟练的行为，如用电水壶烧开水准备冲饮料。假想客人要喝茶，而你习惯喝

咖啡，于是你走进厨房烧水。这时，你开始考虑一些当时很重要的其他事情，你会忽视选择点，在两个杯子中都加入速溶咖啡并倒入开水。这种情况下，厨房程序就好比图中左边的箭头，右面箭头中粗一些的是制作咖啡的日常行为，细一些的则是泡茶行为。你错过了选择点，而你的行为就沿着熟悉的轨迹运行。只是这次情况变了，它没有实现为客人准备茶的目的，而形成了一个心不在焉的过失。日常生活中类似的例子还包括：周六早上准备去商店，结果却习惯性地去了办公室。或者原先计划在回家路上买点东西，却习惯性地到了家也没想起要买东西。前者是分支差错，后者是过头差错。

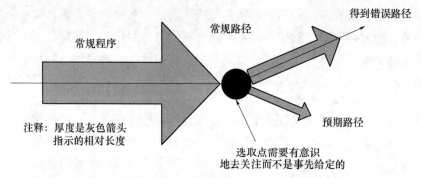

图 2-2　一个行为过失中涉及到的事件的典型模式

　　分支差错，是指开始有一段共同的路径，但产生两种不同结果的行为。前面制作饮料的例子中，烧开水是达到不同目标的第一阶段，泡茶、煮咖啡等是第二阶段。过失的特征，是采取了错误的路径(即不是当时所期望的)。这一"错误路径"总是比当前想要采取的路径更为熟悉，使用频率也更多。所以，过失是因为常规情形的改变而触发的(如同前面泡茶过失所述)。在自动技能发挥作用时，不管是否分心或想别的事情，行为都将自动进行并达到目标。如果没有变化，可能就不会出差错。过头差错与此类似，除了忽略与常规模式不同的一些预定偏离之外。

　　2) 促使行为过失的因素
　　心不在焉造成的行为过失不是随机发生的事件，它有着可预测的模式。发生行为过失的主要原因通常有三：一是在熟悉的情况中，对习以为常的常规任务的效仿；二是注意力全神贯注于其他无关事物，或者分心；三是行为计划或是环境有所改变。
　　这些因素看似相互矛盾，实际上有着内在关联，通常单独发生，但有时也会同时发生。心不在焉造成的过失，是我们对熟练技能付出的代价，就是说我们在很大程度上本来能够用自动的方式来控制日常行为，但由于心不在焉而造成过失。所以，过失和失误最可能发生在熟悉的环境中，并且出现在执行十分熟练的习惯化任务时。我们在学习一样新技能时也会犯错(例如，刚开始学习如何操作计算机键盘)，但这些错误通常是因为没有经验或缺乏运动协调能力，比如手脚不灵活或敲错了数字键。

注意力是非常有限的资源。要关注某一事情，就必须把注意力从别的事情上撤回。"走神"的原因，就是因为我们常常将有限的注意力全都放到与手头工作无关的事情上。如是内心担忧的某件事情，可解释为"全神贯注于别的事物"；如是周围发生的某事件，称之为"分心"。无论是哪一种"走神"，都是心不在焉引起的失误或过失行为中必不可少的条件。心不在焉时，最容易忽视任务中的一些临界选择点。

许多行为过失涉及到在特定情形中执行很寻常或习惯的行为，我们称之为强制性担心出错而产生的过失。错误的行为往往具有一致性，即行为并非简单发生，不是当时就想那么做的。过失的诱因，是内心意图或外部环境发生了某些变化。如果没有发生这些变化，事情将会像我们预期的那样沿着惯常的轨迹发展。因此，任何一种变化都容易导致出错。

4．规则性差错

维修人员在很大程度上都受过广泛的培训，他们的工作是高度程序化的。这就意味着他们所犯的绝大部分错误——形成意图或问题解决层的失效——都可以理解为违反了适当的规则或程序。规则可以通过训练和经验而存在于维修人员的大脑中，也可以写在手册和标准操作程序里。与维修相关的活动中，基于规则的错误有两种主要方式。

(1) 错误地应用一个好的规则(假定)。即可能将一个好的规则应用在并不适当的地点、时段或事件中，其原因也许是因为习惯使然或没有探测到环境的变化。

(2) 应用了一个坏的规则(习惯)。坏的规则，指的是在一定场合中可能完成工作，但在其他或变化了的场合就会出现非预期的后果。

在许多方面，违规——没有应用好的规则——是不安全行为中的一个独特类别，它与差错有许多重要差异。我们把滥用好的规则和使用坏的规则，都看为单纯基于规则的错误。同时，违反规章制度的问题也很重要，它们都可能(且经常性地)包含错误，将单独阐述。

1) 错用好的规则(或假定)

一个"好的规则或原则"，是过去已证明其价值的规定或法则。规则可以写下来，或作为"经验法则"存在。滥用好的规则的发生场合，可能与该规则适用情形有很多共同之处，但毕竟存在一些容易忽略的重要差别。例如，维修人员可能沿用这样一个"规则"，即正确的轮胎压力是每平方英寸多少磅。类似上述假设，在很长时间里都工作得很好，但如果发生变化或例外，继续沿用此规则就会导致差错产生。应用问题解决的规则通常很复杂，不同问题往往具有共同的要素。对于特定问题，可能既显示出应使用常见规则(因为是一个有用规则)的迹象，又会出现相反的迹象，引导人们使用个别不那么常用的规则。例如：

一个维修机组开始在一架双发喷气飞机上进行 A 检。根据规定，A 检时即便在反推力系统上没工作要做，也必须关断发动机反推力装置。于是该维修机组就将反推力装置锁定不动，但没有按要求在缺陷记录本上将这种人为不工作状态记录下来。换班后，第二班维修机组完成了 A 检任务，并在工卡上要求系统恢复运转。由于没在反推力系统上做任何工作，也没有检查锁定板状态，加之上一班未在缺陷记录本上作任何记录，所以二班机组根本没有想到反推力装置已处于锁定状态，这样，就造成飞机带着不能工作的和没有文件支持的反推力系统被签派放行了。

上述案例中，第二班人员做了第一班所做工作准确无误的假定。显然，这并不是随机出现的，而是受当时有文件记录的程序影响。这次事件(以及其他类似事件)后，上级在调研查实基础上，及时修改了程序规定，以便更明确地标明重要的任务步骤。

另一个涉及假定的维修差错发生在 1994 年。当时，某国民航一架 B747-200 飞机向下降落，在新东京国际机场、成田机场的着陆滑跑过程中造成 1 号发动机拖曳刮地。导致事故的直接原因，是一个锁销的位置发生了移动，这是因为该机在大修期间没有将备用锁销放回原处而引发的后果。在检修该部件前，一个检查员已经在工卡上将备用锁销放回原处这一步骤标注为"N／A"(不用)。事实证明这一标注是错误的。出现上述错误的原因，是波音飞机公司在当时全世界一系列锁销事故后，要求所有同一型号的飞机都要装备用锁销，但这一要求并没有使所有航空公司的每一名检查员知晓，当时该航空公司旗下 47 架 B747 中只有 7 架安装了备用锁销。所以，该检查员仍认为飞机上不需要安装备用锁销，他甚至没有意识到备用锁销是否已经移除。这是一个基于规则的差错，即常规"经验法则"告诉人们备用锁销并不需要。

2) 养成不良习惯

很多人在进行工作时会养成某种坏的习惯。问题的关键，在于这些坏的习惯会成为部分人工作程序中的一部分。没有人去纠正这些坏的习惯，工作似乎也能完成，而且很多时候并不会出现坏的结果，至少是在他们的习惯或规则缺陷被揭露之前。例如，无论是地面移动设备或者飞机，在液压驱动系统设备增压前，规则都规定要确保液压装置关闭时没有动过任何控制装置。否则，一旦启动液压装置使系统突然运转时，就可能发生意外情况。部分维修人员常常采用一个坏的规则，即"启动液压装置只需按开键就可以"来开展工作，此时若没有遇到意外事件，他们也无从得知自己正在应用一个坏的习惯或规则。但假如某人动过停放飞机的襟翼或起落架手柄时，这个坏的规则就会引发严重后果或危险。

1988 年发生在美国克拉彭铁路交汇处的火车相撞事故，就是使用坏的规则而产生最令人悲伤的例子：一列向北行驶的定期火车在经过一个绿灯后，撞上了一列静止的火车尾部，造成 35 人死亡、500 人受伤。导致事故的主要原因是信号灯失效，其起因与之前重接电线的技术员坏的工作习惯有直接关系：该技术员没有将老电线切掉或用绝缘带包上，而只是向反方向弯曲使它们看起来不碍事。结果，信号从电线裸露端传出后接触到邻近设备，使得新接电线中的"禁行"信号传达到信号灯。案例中的技术员是一个非常灵活、工作也很努力的人，但在他 12 年的工作生涯中，从未接受过任何系统训练，他是靠通过观察别人及在自己实践中摸索来开展工作的，结果是坏习惯(坏规则)没有得到及时的纠正。

5．知识性差错

当人们面临新的问题或形势，必须回到"基本原理"来理解将采取什么行为时，就要采用基于知识的问题解决。一项对飞机维修工作的分析发现，维修人员处理这种情形所花时间还不到 4%。

虽然大部分基于知识的问题，最后都能得到解决，但这却是维修人员遇到的情形中出错率最高的。基于知识的问题解决出错有两个原因：一是问题没有解决，二是缺少系统知识。一份维修人员工作报告中就提到：

一架大型双发喷气飞机的刹车要进行改装，一个持有相关执照的维修人员是第一次做这种工作，由于对文件的理解有误，他将一个部件安装颠倒了。由于另一个曾做过这种改装的工人注意到这一错误，才在飞机起飞前纠正了这一差错。

由于开关标注不清晰或标注文字难以理解，我想打开无线电组件但没有找到。我不太熟悉这种类型的飞机，于是就询问一个正在该机上工作的机身维修工程师，他指给我一个红色摇杆开关。当我推动开关时，右发动机立即开始转动，螺旋桨差点打到一个正在检查发动机的工人身上。其实，该机上根本没有无线电组件。于是我马上在那个红色摇杆开关上标上"启动"字样。通过这件事，我学到了一个宝贵的教训。

虽然缺乏经验的维修人员最可能出现基于知识的差错，但事实上经验丰富的人有时也会出错。新的或不熟悉的任务，或是不同寻常的改装以及很难诊断的故障，都会导致基于知识差错的产生。在维修人员将近60％的报告中说到，即使不确定是否做得正确，他们还是会继续完成这个自己并不熟悉的工作(图 2-3)。其可取之处在于，人们通常能意识到自己面临的是一个新问题，也明白自己可能需要技术支持或同事的帮助。

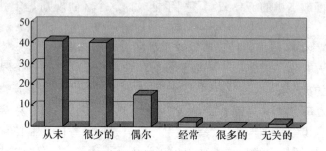

图 2-3　航空维修人员完成不熟悉工作的比例数

6. 违反规章制度的差错

违反规章制度必然会导致差错，分析违规与差错之间的关系和违规的类型就可以看出其中的一些规律。

1) 差错与违规

我们已经讨论了一些典型的人的差错类型，但还有一类重要的危险行为与前面讨论的差错类型不同，这就是违规。近年来，心理学家和安全研究人员发现，这些违规行为在非常注重安全的工作场所(如维修)中普遍存在。我们知道，在如石油生产、医学及核电站等各种不同的行业中，操作者偏离标准操作程序、走捷径的情况时有发生。大部分维修都要经过严格管理，维修人员在执行任务时都能遵守规章制度，并依靠厂家(制造商)的维修手册、维修规章制度的程序和不成文的安全行为规范。但是，这种善意的增加规章和程序，也许会使员工允许的行动范围减少至如此程度，以至于员工可能会发现如果不违章就很难完成工作。

虽然差错和违规之间的区别有时很模糊，尤其当违规只是一个错误或者违规者并不知道不遵守规章会带来不良后果时。但二者之间还是有很多重要区别。例如：

(1) 是否故意。过失、失误或错误都不是故意的，而违反程序通常都是故意的(除非违规是如此根深蒂固，以至于已经成为习惯)。应注意的一点是，虽然人们可能故意采取与规则不一致的行为，但一般情况下他们并不想产生偶然

40

的、坏的结果。只有从事破坏活动的人会故意违规操作，同时又期望产生坏的结果。

(2) 信息与动机。差错的产生来源于信息问题，这些通常可通过去粗取精地分析个人头脑或工作场所中的信息得以纠正。另一方面，违规大部分来源于动机因素、利益考虑、态度和行为规范以及整个组织的文化。要想减少违规的现象，就要从这些方面改善。

(3) 人口统计。男性比女性违规者多，年轻人比年长者违规现象多。但是对于差错却并不存在这种规律。

新的研究向我们揭示违规的程度。参考德国航空装备维修专业研究者们对德国空军做的一项研究，表明34%的维修任务的完成都违反了正规的程序。民航也是如此，前面提到的澳大利亚的调查报告中，有17%的维修事件都涉及到违规。飞机维修中的违规现象居然如此普遍，令航空装备维修的管理人员感到十分震惊。常见的维修违规包括：

(1) 参考未经批准的笔记或者"黑名册"，而不是经过认可的来源。

(2) 偏离正规并且是有文件记载的程序。

(3) 可能仅仅是因为周围看起来好像没有人，以致开始工作前没有让系统处于安全状态，维修程序结束时没有按要求进行功能检查。

(4) 工作时没有使用正确的工具。

(5) 对实际上并没有完成的检查签字。

2) 违规类型

违规和差错一样有多种形式。主要类型有：

(1) 例行公事式的违规。这类违规就像例行公事，企图避免不必要的努力、工作敷衍了事、企图显示自己熟练的办事效率，或者企图避开看似多此一举的程序。这些例行公事式的走捷径违规的另一个后果是：此类违规行为会演变成维修人员日常工作中所谓(看似)正常的一部分，即会建立在基于技能层次的常规作业中。费劲最小原则，是人的行为的一个主要动因。

(2) 寻求痛快或快活式违规。人们有很多目标，但并非所有目标都与工作有关。这类违规往往是为了逞能、避免单调或者仅仅是为了一时的痛快。人和机器不同，是有着多种需求的复杂生物。人的有些需求可能与希望有效完成工作有关，但也有的可能是基于个人的要求。有时，这些与工作有关的需求和个人需求的满足会交织在一起。如一个车辆驾驶员的需求是从 A 点到 B 点，而这个过程中，驾驶员可能为了享受某种快感而追求最快的速度，会肆无忌惮地放纵自己争强好胜的本能，随着强行超车或超速行驶，当人们因为满足这些本能需求而出现差错时，就会引发严重问题。有时，违规本身并不一定比违反安全操作程序时出现差错而造成的伤害更严重。

通常情况下，现代汽车以 170 千米/小时的速度驾驶并不足以导致车祸。但是以这种速度驾车旅行，却很可能是一种比较陌生的经历。因此，我们更倾向于错误判断汽车的操纵特性。这样做就会产生两个后果：一是出现差错的可能性很大，二是这一差错导致坏后果的可能性也更大。违规加上差错意味着灾难。

这些把非职能的目标当成快乐的倾向，可能会成为个人工作方式的一部分，这对于男性青年来说尤为可能。对他们来说，挑战极限是一种自然本能。18～25 岁年龄段的男性青年发生道路交通事故死亡的危险性最高，这绝非偶然。但就差错而言，至少在正常工作时间内这种年龄和性别的差异并不明显。

在维修中，寻求痛快或把非职能目标当成快乐而产生的违规行为，并不像走捷径或例行公事违规那么普遍，但有时也确会发生。开玩笑或提出某些倡议都是这类违规的普遍形式。

在终端区的飞机要牵引到试车间，一个维修人员正在发动机里修理可调进气导向叶片，启动 APU 以提供液压(但没有给发动机供给空气)。一个检查员建议，为了节省时间，在牵引飞机到试车间过程中，这名维修人员可继续留在发动机里工作。于是，牵引飞机时，该维修人员仍然呆在发动机里。此项提议是否合理，维修人员之间有过争议，这样做也就仅节省了 10 分钟时间。

(3) 情景违规。有些情况下，如果严格遵守程序，就不可能完成工作。此时，问题的症结主要是程序的制定者。

假想你要检查一项由一位你很信任的同事刚完成的任务，检查结束后必须在报告上签字以证实他已经正确完成了任务。这项检查只有移掉各类检测口盖(即勤务口盖)才能看到检查的区域。当你准备时，发现同事已将所有口盖都放回原位。除非你拿掉口盖，否则就无法知道他们到底做了什么。这时你会怎么做?类似情形，很容易造成情景违规。

不愿出力、寻求痛快、炫耀男子气概、逞能之类的个人动机，对例行公事违规和寻求痛快违规有着重要影响，而情景违规则源于工作环境与程序的不匹配。其主要目标仅仅是为了完成工作。与工作人员相比，情景违规与整个系统的关系更大一些。例如：

扳道工的工作(在美国称作司闸员)是将火车车厢连接起来。在英国，操作规程禁止扳道工在调车引擎将车厢推到一起搭接操作中停留在两节车厢之间，扳道工需用一根长长的杆子来连接各个车厢。然而，有时缓冲器满度伸出、挂钩太短而导致车厢无法连接。为此，扳道工不得不在两车厢即将相碰、缓冲器受压的一刹那，站到两节车厢之间将挂钩搭接上。许多时候，这种单独的、基于知识的行为会演变成一种基于技能或日常例行的工作，这样显然可节省搭接操作时的力气。既然两节车厢的缓冲器相距1~2米，那么看起来扳道工停留在两节车厢之间也是相当安全的。但是，当扳道工在操作时出错——发生过失或分心，就会引发事故。过去曾发生过多起与火车车厢搭接操作相关的伤亡事故，其中大部分伤亡，扳道工都是被车厢之间的缓冲器压垮或掉入车轮下被碾。很显然，这些是在违规的同时出现的差错(违规+差错=灾难)。

维修工作中会遇到很多情景违规的机会。维修人员常面临两难选择：一方面雇主要求他们遵守程序，另一方面雇主又要求他们满足非常紧迫的时限要求。有个机械工这样总结："管理层告诉我们要一字一句地严格遵守程序，但随后又告诉我们不要误事，要使用常识判断。"虽然很多违规后果可能相对很轻，但一些情景违规可能会引起特别危险的结果，特别是当它们移除了系统设置的防线或安全网的时候。在对某机务大队的维修调查中，30%以上的维修人员报告说他们曾经因为时间不足，而决定不执行原定要求进行的功能检查。

某部TB3—117MT发动机在做定期检修后，开车启动不成功。经查，主要原因是定期检修时需拆下发动机自动起动器限流嘴进行清洗检查，由于临时有事，负责拆装的人中途被抽调去干其他的事，限流嘴未装回原位就开车，导致发动机地面起动不成功。

情景违规并不只是涉及到一线运行人员。1998年5月，澳大利亚皇家海军"Westralia"补给舰因一个燃油软管爆裂，柴油喷到一台热发动机，致使船只起火，4名船员在灭火中丧生。经调查，该舰近期刚进行过维修，维修人员将硬的燃油管换成了柔软的燃油管。更换燃油管道原本需要经过海军的正规部件更换过程进行处理，还要征得劳埃德船级社同意。但维修者显然绕过了正式的批准程序，将不合适的软管安装到舰上。调查中还发现，海军的正规部件更换过程被回避的事件时有发生，其中牵涉到的通常都是一些出发点良好的人员。

2.2.2　装备要素

航空装备通常是航空器及其各种装置、设备的统称。这里的航空装备主要包括飞机及其设备、地面保障装备和设备等。航空装备具有高新技术密集、系统结构复杂、使用维修安全要求高等特点，它是航空维修安全活动作用的载体，是维修安全的重要物质基础，航空维修安全活动主要围绕航空装备展开。事故致因理论认为，维修事故是能量的意外释放或逸散失控造成的。

维修安全系统存在两类危险源：第一类危险源是航空活动现场产生能量的能量源或拥有能量的载体；第二类危险源是指导致约束、限制能量的措施(屏蔽)失控、失效或破坏的各种不安全因素。第一类危险源在事故时释放的能量是导致人员伤害或装备损坏的能量主体，决定事故后果的严重程度；第二类危险源出现的难易决定事故发生的可能性的大小。两类危险源共同决定危险源的危险性。而第一类危险源主要存在于航空装备本身，第二类危险源也与航空装备有关。所以，这种规律性决定了航空维修安全活动必须围绕航空装备展开。

在装备要素中影响安全的因素主要是飞机设计生产质量、修理质量和维护质量三个方面。装备的设计生产质量对装备安全有极大的影响。装备设计质量是指飞机设计的优劣程度，主要包括飞机飞行性能和品质、总体结构质量、推进系统质量，以及飞机及其设备的可靠性、维修性、保障性、测试性、安全性等方面的优劣程度。飞机设计质量是一种新型飞机安全性好坏的最根本保证。飞机的结构、设备或零件在设计上存在缺陷，更改设计时论证不充分，制造材料质量不合格，生产工艺不符合要求，技术标准掌握不严，产品质检疏忽等都会给装备安全工作埋下隐患，而这类隐患又具有很大的隐蔽性和极大的危险性，给航空部门保证飞行安全工作造成很大的困难，往往需要付出血的代价才能纠正。与此同时，装备设计不合理、不科学，制造上有缺陷也会导致飞机使用、修理和维护过程中产生差错。

例如，由于飞机防差错设计先天不足，引发了大量的维修差错，诸如油箱盖未盖好，机件装错装反，飞掉减速伞、飞掉座舱盖和外挂物、起落架未放好，空中断电，超时限使用和空中停臂等，导致了许多不该发生的飞行事故。据统计，机械原因严重飞行事故、机械原因飞行事故征候和机械原因地面事故都是由于维修差错造成的。由此可见，航空装备的设计制造质量对装备安全具有全局性、根本性的影响，装备修理质量和维护质量对装备安全也有重要影响。

2.2.3　环境要素

航空维修系统是处于一定环境之中的开放性人—机系统，与环境存在密切的人员、物质、能量和信息交换关系。这里讲的环境，泛指与主体相关的各种客观因素的总和。航空维修安全环境是指装备维修活动所处的自然环境、保障环境和社会环境等。航空维修安全环境是实施安全活动的客观条件，对装备维修安全的影响具有利与害的两面性，好的环境可以促进维修安全，不好的环境将带来预想不到的安全问题，在实际工作中应采取针对性措施，主动适应并积极改善环境条件，最大限度地趋利避害。

1. 军事环境

航空维修系统作为航空军事力量的组成部分，必然受到国际军事斗争形势、军事战略、作战需求、军事理论和战场环境等因素的影响。我军新时期军事战略方针的确立和现实军事斗争准备的深入，决定航空兵部队建设和作战的基点已转移到打赢信息化战争上来，作战样式和航空装备体系结构发生了重大变化。

航空维修系统的总体结构和保障力量建设，必须与之相适应。航空维修保障必须着重提高在整体用兵部署下的机动保障能力、多类型飞机参战的综合保障能力、多波次空地一体攻击的高强度保障能力和敌空袭破坏下的应急保障及防卫能力。

信息化战争中，各种侦察预警、电子战和信息战装备，以及远程攻击、精确制导武器的广泛应用，使战场环境日趋复杂。航空维修系统的发展建设，应以航空装备理论为先导，统筹规划，加强科学性和前瞻性；保障力量建设必须由过去的被动跟随航空装备发展、事后分散建设的模式，转变为与航空装备一体化发展、同步配套建设的模式。必须加强主要作战方向军地一体化支援保障力量建设和立体保障网建设，加强航空装备地面防护和战伤抢修手段研究，最大限度地保持和恢复部队的持续战斗力。要认真研究信息化条件下的航空机务保障特点，加强信息系统建设在航空机务信息的控制、使用和对抗中掌握主动权。

2．社会环境

社会环境包括政治、经济、科技、教育和文化等环境因素，均将对航空装备维修系统的构成和发展有很大影响。

军事活动是实现政治目的的手段。航空装备维修活动作为一种军事活动，不仅要服从政治需要，为实现政治目的服务，而且要依靠政治工作保证航空装备维修工作的实施。在组织结构方面，根据各国不同政权性质和政治制度，以不同组织形式设置航空装备维修系统政治工作部门，编配相应的政治工作人员。在组织体制方面，采取与国家政治制度相适应的责权结构。在职能结构方面，除军事职能外，还负有参加经济建设、抢险救灾和为社会服务等辅助职能。

社会经济是航空机务系统建设发展的物质基础，国家经济实力决定航空装备的发展水平和总体规模，也决定航空机务系统发展建设所能获得的经费支持和资源保障。经济实力强大的国家，才能研制和引进各种性能先进的航空和保障装备，才有条件提高有机构成，建设高效能的保障系统。必须根据国家经济实力所能提供的条件与可能，来谋划系统自身的发展建设。

科学技术是推动航空装备发展和航空机务建设的动力，是构成航空兵部队战斗力和航空维修保障力的重要因素。实现航空维修现代化，必须依靠科技进步，不断提高航空维修人员的科学文化素质和航空维修保障、管理和发展建设的科技含量。航空维修系统人员来自社会，其整体素质直接受国民教育水平的影响。培养高素质航空维修人才，要充分利用社会的教育资源、人才资源和文化资源，不断提高队伍的整体素质。

3．自然环境

航空维修系统的自然环境，主要指对航空装备使用和航空维修保障有直接影响的地理环境、气象条件和生物条件。我国幅员辽阔，军用机场、起降场(点)分布很广，有的在内陆，有的在沿海，地貌包括平原、高原、山地、丘陵、盆地、沙漠等；各地气候和气象条件差别与变化很大，还有不同的生物因素。这些因素对航空装备使用和航空维修保障的影响各不相同。必须根据各种机场、起降场(点)自然环境的特点和实施机动保障的要求，有针对性地进行航空保障力量建设，合理确定保障内容和重点，努力减小和消除自然环境因素造成的负面影响。

4．工作环境

工作环境主要指航空装备维修工作环境的温度、湿度、噪声、照明、振动等条件。环境差错是由环境原因造成的各种错误和损失。环境对个体的影响大致分为健康、工作质量和工作时的舒适感三个方面。因此，良好的工作环境有利于人的健康，能使人们愉快地进行工作，有助于提高工作质量，避免环境差错带来巨大的损失。

温度和湿度对人的生理机能有明显影响。在一般环境温度、湿度下，人体能通过体温调节与外界环境交换热量，使体温达到正常范围。当环境气温低于人体皮肤温度时，通过辐射和对流散热。温度高于皮肤温度时，只能通过出汗蒸发来散热。湿度和风速能影响散热效率，在湿度大、无风或风速小时，对于同样的温度，人的感觉是闷热，即人的感觉温度高于实测温度，这种人的主观感觉温度叫实感温度，就如在湿度90％、温度28℃时，人的感觉几乎与湿度为20％、温度37℃时一样。这种感觉直接影响人的精力集中。温度过高或过低，人的生理调节功能处于过于紧张状态，对事故将产生直接影响。夏天，机务人员经常处于高温、太阳直晒的环境中工作，直升机舱内温度有时达 45℃甚至50℃，此时应考虑水的供应和连续工作时间限制。同样，在低温环境中作业，热量消耗过大，手脚麻木，反应迟钝，且由于穿戴笨重，操纵灵活性变差，也会增加出差错和发生事故的可能性。

声音对大脑有一定刺激作用，不同的声响对人产生的心理和生理影响是不同的。悦耳的音乐使人心情愉快，雄壮的乐曲使人精神振奋，哀怨的音乐使人悲伤，而噪声则使人烦恼。强烈的噪声是影响安全的因素之一。国际标准化组织(ISO)在 1999 号文件中公布关于耳聋发病率的统计数字表明，在 A 声级噪声为 100 分贝环境中工作 40 年的人，耳聋发病率为 41%。直升机的噪声一般为85～110 分贝，对未戴耳机的空中机械师影响较大，长时间飞行将使听觉迟钝，视觉模糊，注意力不集中，短时记忆力明显下降，反应迟钝，协调性变差，易发生差错和事故，并使处理应急事态的能力随之下降。有专家建议，航空维修人员佩戴防噪耳塞等防护用具，可使噪声降低 20 分贝。有关资料介绍，把电台耳机的噪声从 50 分贝降低 30 分贝，作业差错率可减少 42%，噪声有时还会造成信息传递发生错误。

维修人员作业主要是通过视觉器官感知情况，作出判断。维修作业区的采光和照明条件不好，就要花费更多精力和时间才能判明情况，特别是检查、拆装、修理部件和设备精细部位时，容易接受错误信息，作出错误判断，如细微的裂纹、焊接线头短路等。照明的亮度用照度来衡量，照度就是单位面积上所接受的光通亮，单位为勒克斯。1 勒克斯=1 流明/平方米。在 40 瓦白炽灯下 1 米处的照度为 30 勒克斯，加白色搪瓷伞形灯罩后，可增加到 73 勒克斯。照度太小或过大都会影响人的视觉，使人产生疲劳。国家建委制定了工业企业照明照度标准：一是照度适宜，一般作业为 150 勒克斯，精密作业为 300 勒克斯左右，超过 1000 勒克斯将使人产生昏眩感觉。二是作业面受光均匀，明暗对比度太强，也将使视觉易疲劳。三是局部照明要避免光源直射眼睛。不论从健康或安全出发，保护机务人员的眼睛是应该而且必须的。由于维修人员一般在露天工作，强烈的阳光直射时照度可达二千至一万勒克斯，长期这样工作容易使眼睛疲劳、发生视觉障碍或感知错误。为此，最好是佩戴护目镜。阳光下工作，镜片以茶色为宜。从机外走进机内工作时，应摘下护镜，使眼睛处于照明度不太强烈的变化环境中。风沙大的地区，还应佩戴风镜。

振动对人的生理和心理影响也比较大。振动不仅发出噪声、使机械摩擦损耗，也能使人疲劳，反应能力下降。振动不但影响人的头脑，还影响视觉，使眼球高频地进行调节。直升机飞行振动较大，主要是旋翼、尾桨等引起的振动。维修人员受振动影响比较多的主要是空中机械师，因为他要经常检查仪表的工作指示，而有些仪表指针本身就处于振动状态。

2.2.4 能量要素

根据事故致因理论，维修事故是系统能量的意外释放或逸散失控造成的，因此，在研究维修安全时，必须考虑能量这个因素。能量是具有做功本领的物理量，航空维修安全活动是系统能量的传递、转换和做功过程，对能量的有效控制可预防维修事故的发生。从航空装备的全寿命过程看，在装备维修时，人们也需要使用仪器、设备和工具，对航空装备的推进、航电等系统和有关机载设备进行检测、校验、拆装、试验和修理等，也需要输入外界能量(电力、动力、人力、热力等)，这种能量输入后，经过能量的传递、转换与做功，生产出安全可靠的装备，维修出完好可用的飞机。

航空装备使用飞行的过程，也是能量的传递、转换与做功的过程。飞机从静止状态到启动、滑行、起飞、飞行和着陆等状态，要经历机械能(动能、势能)、电能、化学能、热能、声能、辐射能等能量的复杂相互转化过程，而且这些能量及其转换做功的过程往往是由人直接或间接控制的。在正常情况下，航空维修活动过程中能量是按人的意愿传递、转化和做功的，从而使得航空维修活动正常有序进行，但若航空维修活动中的能量未能按照人的意愿传递、转化和做功，就有可能发生事故，迫使正常有序的维修活动暂时或永久终止，造成一定程度的损失。

如在飞机起飞时，发动机因故障未能接通最大或加力状态，使其机械能的传递、转化和做功未能达到飞机起飞要求，这时就有可能发生飞行事故或事故征候。再如，飞机编队飞行时，由于飞行员操纵错误或飞机故障或由于环境影响等因素导致飞机相撞，这也可认为是飞机这个巨大能量载体，未能按照人的意愿发生的能量失控现象。应该注意到，航空科学技术的发展及其应用，一方面可以提高航空装备的科技含量和作战效能，促进装备的发展；另一方面也会带来一些意想不到的安全风险。如现代飞机的软件故障问题，有些则是致命性的。

航空维修活动中的能量主要是机械能、热能、电能、化学能等。意外失控的机械能是导致事故发生的主要能量形式，机械能包括动能和势能。处在高处的人体、维修设备等具有较高的势能，当人体具有的势能失控时，则可能发生高空坠落伤亡事故；当维修设备(如托架上的发动机)势能失控时，则可能发生摔坏装备设备事故。飞机坠毁，也可以看做是飞机势能的失控运动的物体都具有动能，各种运动中的装备、设备、车辆或机械的运动部件等都具有一定动能。失控的动能作用于人体或物体，则可能发生人员、维修设备的伤害损害，如飞机空中相撞，地面滑行的飞机撞人或撞车，发动机涡轮叶片折断甩出击穿飞机结构体等；逸散失控的电能会造成各种电气事故，如逸散失控的电能可能使电气设备"漏电"，发生人触电事故、放电失火事故等；失去控制的热能可能灼伤人体、引起火灾、损害财产设备等。在利用机械能、电能和化学能时，可能产生热能，应引起充分注意；在航空维修活动中，化学物质的应用也比较普遍，如各种航空弹药的使用和维修等，需要重点控制，防止意外走火、发射事故发生。

人体本身也是一个能量系统，人的新陈代谢过程是吸收、转化能量，并与外界交换能量的过程。人在从事航空维修活动时需要消耗能量并与外界进行能量交换，当人体与外界能量交换受到干扰时，即人体不能进行正常的新陈代谢，人体就会受到伤害，其生理、心理就会发生变化。或人与环境进行能量交换，受到社会环境的不利影响，其生理、心理也会发生变化。这些变化容易使人产生差错、错觉等，对装备安全就会产生不利影响。

航空维修活动的环境也是一个能量系统，如自然环境的雷电、飓风、低空风切变、晴空湍流和空中飞翔的飞禽等，社会环境中的政治经济、人际关系、家庭生活等，保障环境中的技术保障、勤务保障质量等。在航空装备活动中，环境中的能量在特定条件下不可避免地会传递给航空装备和相关维修人员，对维修安全产生利与害的两面性影响。如人的能量(使用维修)传递给航空装备，正常的传递能保证维修安全，而非正常传递(能量的逸散失控)就有可能导致维修事故。如在飞机维修中，机务人员将飞机左、右副翼悬挂接头等重要机件装错装反，就先后导致9起严重飞行事故和71起飞行事故征候。因此，在维修安全的实际工作中应采取针对性措施，主动适应并积极改善环境条件，最大限度地趋利避害。

在航空维修活动中，安全事故往往是由于各种能量的不正常传递、转化、做功及相互影响和作用引起的。如维修人员的不安全行为(维修差错—能量传递)，引发装备的不安全状态(重大故障—能量转换与做功)。在航空历史上，像这样的案例不胜枚举。事实上，导致飞行事故的原因要比上述关系复杂得多，有人对装备的影响，也有装备对人的影响，有环境对人和装备的影响，还有人、装备和环境之间互相影响等，这些影响过程，说到底就是各种能量相互传递、转化与做功的过程。因此，预防维修事故的实质就是控制装备系统能量，防止其意外释放和逸散失控。

2.2.5　信息要素

安全信息是在航空维修工作中起安全作用的信息集合，它存在于航空维修安全活动的过程中，反映航空维修安全发展变化的事实，显现航空维修安全活动的表现形式，是航空维修安全活动所依赖的重要资源。维修安全信息包括一次安全信息和二次安全信息，充分可靠的安全信息是航空维修安全的基础保障，这是因为：安全信息是实施维修系统安全工作的基础。从维修系统安全要求的提出到实现这个要求的整个过程，安全信息是必不可少的。只有拥有相似系统的信息，才有可能合理地提出安全需求。只有拥有充分可靠的维修安全信息，才能开展危险性分析工作，才能确定安全准则。可以说，没有安全信息，航空维修系统安全工作就无法开展；安全信息是制定维修安全规划计划和管理方案的依据。

航空维修系统在制定安全规划计划和管理方案，确定目标值和保证措施时，需要有大量可靠的信息作为依据，例如，它既需要维修安全的政策、法规、方针和上级的安全指示要求等指令性信息，又要有航空维修系统内部的历年来安全工作经验教训、各项安全目标实现的数据，以及通过安全预测获知的安全信息，作为决策的依据，只有这样，才能制定出符合实际的安全目标和保证措施；安全信息具有间接预防和控制事故的功能。航空维修安全系统是一个极其复杂的开放系统，不仅与静态的人、机、环境有联系，而且与动态中的人、机、环境结合的安全实践活动有联系，同时，又与安全管理效果有关，如何对其进行有效的组织、协调和控制，主要是通过安全指令性信息(如安全方针政策、安全法规、安全工作计划、安全指示要求、安全通报、事故预防措施等)，统一装备研制、使用和维修等工作的各类人员的安全操作和安全生产行为，促进安全活动有序和谐开展，以此来预防事故的发生，这样，安全信息就有了间接预防事故的功能。

在航空维修工作中，各类人员的异常行为，各种装备、设备的不安全状态等大量的不良信息，都是可能导致不安全问题的因素。维修安全管理人员通过安全信息管理系统等手段，获知不良安全信息后，通过采取安全教育、工程技术、管理等措施，改变人的异常行为和装备设备的不安全状态，使之达到维修安全的客观要求，这样，安全信息就具有了间接控制事故的功能。由此可见，安全信息不仅是航空维修安全活动所依赖的重要资源，而且是航空维修安全的基础性保障，只有充分挖掘、利用安全信息，建立高效的航空维修安全信息化系统，才能促进航空维修安全向科学化发展。

2.2.6　管理要素

航空维修安全活动的管理是维修安全工作的重要组成部分，是装备维修各级领导和业务部门，在航空装备全寿命过程中为实现一定的安全目标而进行的组织领导活动，是把维修安全活动中的人、机、环境等因素有机结合，形成优化的组织结构和协调的运行机制的关键环节，是提高航空维修安全性水平、保证其使用和维修安全的重要手段。

航空维修安全管理的作用和效果，随着维修安全工作的深化而不断加强。维修安全管理正在逐步由传统的纵向单因素管理转变为现代的横向综合安全管理；由事故管理转变为事件管理与隐患管理；由静态安全管理转变为动态安全管理；由只考虑单一效益的安全辅助管理转变为考虑综合效益的安全本质管理。这一系列的变化势必对管理者提出新的更高要求。管理者的能力强与弱，管理体制的科学与否和管理效能的高与低，对于航空维修安全的质量、效益和安全保障能力的形成与提高，起着至关重要的作用。

2.3　促进航空维修安全的基本规律

航空维修安全基本规律是航空维修安全活动过程中各要素之间必然的本质联系，它是航空维修安全理论的基础和核心。认识和把握航空维修安全的基本规律，是航空维修安全理论研究和实践活动的重要任务。本书从航空维修安全基本矛盾出发，充分考虑其基本要素的作用和相互联系，结合我军(民航)航空维修安全实际，借鉴世界航空维修安全的实践经验，将航空维修安全基本规律概括为以下几点。

2.3.1 需求牵引律

航空维修安全系统是航空维修系统的子系统，航空维修安全系统的发展建设，必须依据航空维修系统的建设规划，服从航空装备建设的全局，并在航空装备发展建设和遂行作战训练任务安全需求的牵引下，不断强化维修安全性设计工作，从根基上打牢维修安全基础；注重维修安全科学管理，从体制和机制上保证维修安全系统的高效运行；发展安全科学技术，从技术手段上提高维修安全科技含量；加强维修安全人才队伍建设，从主体上促进维修安全保障能力的不断提高。只有加强航空维修安全的全系统、全寿命、全要素管理，强化航空维修安全的全面建设，不断提升航空维修安全保障能力，才能满足航空装备发展建设和作战训练的需要。

2.3.2 科技支撑律

科学技术的进步，不仅揭示了自然界和人类社会的本质和规律，而且为人们利用规律改造世界提供了科学手段。航空维修安全的科技支撑规律，揭示的是维修安全与科学技术之间的内在联系，反映的是维修安全对科学技术的依赖关系。也就是说，航空维修安全发展建设和保障能力的提高离不开科学技术的进步，维修安全必须建立在科学技术高度发展的基础之上，用科技创新引领和支撑维修安全水平的不断提高。

因此，在航空维修安全活动中，必须首先充分认识和准确把握维修安全对科学技术的依赖关系。维修安全性设计需要科技，装备使用维修安全更需要科技。发达国家依靠科技进步，开展维修安全基础理论研究、重大科研项目攻关、推广先进适用技术、控制重大事故和保障航空装备安全的经验，值得我们借鉴。其次，必须积极地创新技术，用先进的科学技术提升维修安全水平。技术能够扩展和延伸人的技能，促进维修质量与安全水平的提高。比如，告警技术的发展，为飞行员发现问题、处理事故，保障人机安全提供了科学手段；安全舱、救生伞的发明和使用，使航天员和飞行员的安全得到了相对保障；基于网络的分布式产品设计技术的发展及应用，使F—35飞机首次实现了在虚拟环境中设计、制造、交付、服务、维护和训练的全数字化过程，从而使飞机的研制效率大大提高，研制周期缩短，飞机性能以及可靠性、维修性、保障性和安全性能大幅度提高。实践证明，科学技术的进步是推动维修安全发展的强大动力。第三，必须牢固树立科技兴安理念，用科学的理念引领航空装备安全工作不断发展，用先进的发展理念奠定维修安全发展的思想基础，用科技的创新成果构筑维修安全的坚实基础。

2.3.3 管理能动律

航空维修安全管理活动是航空维修安全活动的重要组成部分。随着航空装备信息化、智能化和复杂化发展，维修安全管理的任务日益复杂繁重，地位作用更加突出。航空维修安全管理的能动规律揭示的是航空维修安全与安全管理的关系。科学高效的安全管理，对于航空维修安全的质量、效益和保障能力的形成与提高，起着重要的保障、推动和增效作用；落后不良的安全管理，则会对于航空维修安全的质量、效益和保障能力的形成与提高起到负面影响，甚至会成为导致维修安全事故的诱发因素。事故致因理论认为，任何事故都可以从管理层面找到原因。认识航空维修安全管理的能动规律，就是要高度重视安全管理，强化安全管理，加强安全管理建设，杜绝安全管理的缺陷和漏洞，充分发挥它的保障、推动和增效作用，不断提高航空维修安全保障能力。

2.3.4 人才决定律

航空维修安全活动无论是技术工作还是管理工作，都是由各类维修人员完成的，人是维修安全活动的主体，是维修安全要素中最活跃的具有决定作用的因素，其他因素(装备、环境、能量、信息、管理等)只有与人的因素相结合，依靠人的主观能动性，才能发挥应有的作用。

航空维修安全的人才决定律揭示的是维修安全与维修人员素质和安全人才队伍建设水平之间的内在联系，反映的是维修安全对安全人才的依赖关系。也就是说，只有拥有一支经过训练、具有必备的素质和知识能力、能够较好履行岗位职责的各级各类安全人才队伍，才能保证航空装备安全可靠地使用维修，才能有效推动航空维修安全建设发展，提高维修安全水平和安全保障能力，满足航空装备作战训练任务安全可靠遂行的需求，反之，航空维修安全很难得到有效保证。尤其要注意到，人既是航空维修安全的决定性因素，也是引发维修不安全事件的主要因素，虽然随着航空科技的飞速发展，各种安全措施和事故控制手段日臻完善，但由于人的行为具有随机性、不确定性、隐蔽性和突发性等特点，仍然有 70%左右的飞行事故是由于人的失误造成的。

因此，在航空维修安全建设发展中，必须首先认识维修安全对人才的依赖关系，把培养和造就一支高素质的维修安全人才队伍，作为一项推进航空兵部队安全发展的重要战略举措予以高度重视；其次，要建设具有我军特色和航空维修特征的安全科学与工程学科，为培养高素质的安全专业人才和提高部队官兵的安全素质、开展军事安全科学理论和安全工程应用研究、为领导机关安全管理决策提供科学依据奠定基础；再次，要牢固树立维修安全发展的人本观，坚持人是安全发展的前提、人是安全发展的动力、人是安全发展的目的、人是安全发展的标准、人是安全发展的关键的思想观念，充分发挥广大航空维修人员的积极性、主动性和创造性，推动维修安全建设的科学发展。

2.4 航空维修安全工作的经验教训

航空维修的最终目的，是以最经济的资源消耗来获取航空装备最大限度的作战使用效能。为了实现这一目的，国内外航空维修界进行了长期不懈的实践探索。纵观航空维修百年历程，是一个对维修客观规律认识不断深化的过程，是一个使维修活动逐渐符合维修客观规律的过程，航空维修安全理论是随着人们对维修安全实践经验的不断积累和认识的，不断加深而逐步形成的。自第一架飞机升空以来的一百余年历史中，航空事业有了飞速的发展，人们对如何保障装备维修使用安全也有了丰富的经验。

2.4.1 航空维修安全发展历程

1. 事后型安全理论的发展历程

自从莱特兄弟发明飞机以来，航空灾难事故一直伴随着航空事业，可以这样说，航空史是用"血"写成的。人类第一次定期的航空运输服务是美国航邮服务，在第一次世界大战以后不久就开始经营了。

有人做过统计，最初雇来的 40 名驾驶员中，其中 31 名死于飞机事故，驾驶员的飞行寿命仅为 3 年。由此可见，早期的航空装备安全程度是非常低的。美国空军(包括其前身美国陆军航空队)在历史上曾是一个多事故的空军，1922年发生严重飞行事故 330 起，严重飞行事故万时率高达 50.6。仅 1934 年，在美国本土就发生了 20399 起严重飞行事故，损失飞机 20440 架，平均每天损失飞机 56 架，共损失飞行员 5600 名，平均每天有 15 名飞行员遇难。英国皇家空军1939 年—1945 年，因飞行事故损失的飞机 8 万架，另有 16 万架飞机因飞行事故而损坏。损失更为惨重的是飞行事故造成大量飞行人员的伤亡。1940 年—1945 年，仅英国本土因飞行事故而死亡的飞行人员达 2.5 万人。我空军初建时期，飞行事故也是比较严重的，平均万时率高达历史上的最高。

航空事故既是灾难，也是财富。人们认真接受事故的教训，对事故致因进行科学分析，找出事故发生原因和规律，提出预防对策，促进了装备维修理论的发展，提高了装备维修的质量安全水平。

从20世纪初飞机出现到40年代，由于当时飞机的构造及机载设备比较简单，所以初始的航空维修只限于手工操作的技艺活动，并逐渐形成了"不坏不修，坏了再修"的事后维修思想。保证飞行安全的主要工作，一是注重提高装备维修人员的技能，保证装备修理质量；二是建立维修管理机构，加强质量管理。1918年英国建立了世界上第一支独立的空军，同时设置了航空维修管理机构。1918年苏联红军开始建立航空兵支队时，就设置了专门的技术勤务组织，负责飞机的日常保养和飞行保障勤务，1930年后将其扩建为技术维修勤务处。1926年美国陆军航空局改名为陆军航空队，组建了航空装备处，下设4个维修仓库，实行航空装备采购、供应、维修的统一管理。40年代以后，航空装备发展的步伐加快，构造也越来越复杂，飞机已发展为金属结构，发动机功率已接近1000Ps(1Ps=745.7W)，机载设备增多，维修工作日益复杂繁重，装备故障和维修不当造成的飞行事故不断增多。保证装备使用维修安全的主要措施：一是实行维修工作专业化分工，提高维修质量；二是改革维修手段，增加机械化成分；三是维修思想从"不坏不修，坏了再修"的事后维修向"预防为主"的维修思想转变，形成了装备发生故障必然影响工作并可能危及安全观念，保证安全的工作主要集中在预防故障方面，主张航空装备上的零部件在磨损之前就进行更换、修理，将维修工作做在故障发生之前。

我空军成立初期到稳步发展阶段，在提高装备维修质量、保证飞行安全方面进行了积极探索，从借鉴苏联空军的做法，到总结自己的经验，以我为主地进行建设，积累了丰富实践经验。一是积极调整与变革装备管理和维修保障体制，提高装备维修质量和安全水平。二是建立健全装备维修工作制度，积极推进航空装备维修工作的规范化。三是确立了预防为主的维修思想和"32字"优良维护作风，注重发挥装备维修人员的积极性和创造性，加强了维修工作的主动性和预见性。四是建立各类专业技术人才训练机构和专业科研机构，培养航空装备专业人才，开展航空装备维修理论、技术手段、装备加改装等重大问题的研究。五是以提高单机维修质量为主，建立质量管理机制，开展质量管理活动。

2. 预防型安全理论的发展历程

20世纪40年代，各种新式武器不断涌现，性能也日趋复杂；50年代，电子计算机应用迅速发展；60年代，载人航天活动取得突破性的进展。这一切使人、机、环境的矛盾日益尖锐，也使人、机、环境相互关系问题的研究显得十分迫切。因此，国外先后产生了一些研究人和机器相互关系的学科，如美国有人的因素工程(Human Factor Engineering)、人—机系统(Man—Machinesystem)

等学科名称，西欧有工效学(Ergo—nomits)之称，东欧有工程心理学(Engineering Psychology)之称。这些学科对推动安全技术的发展起到了非常重要的作用。

但是，由于它们的研究重点是让人如何适应机器、适应环境，而对于机器的设计如何适应人的特点和需要，以及如何改造和控制环境等问题虽然有所认识，但缺乏用系统的整体思路来全面解决人、机、环境的相互关系问题。1980年，美国科学院应陆、海、空三军的要求，组成一个专门委员会，着重分析和研究该领域的研究现状，并于1983年1月提出题为《人的因素研究需求》的专门报告。该报告承认，70年代，由于单纯依靠过去20年的数据而放松了基础研究，因而导致若干设计和研制的重大失误。1981年，我国航空医学工程研究所的陈信教授和龙升照教授根据载人航天领域预先研究的实践，同时对国内外情况进行了认真分析，在著名科学家钱学森的系统科学思想的启发和亲自指导下，撰写了《人—机—环境系统工程(学)概述》一文，概括提出了人—机—环境系统工程的科学概念，并论述了这一学科领域的研究范畴，标志着这门新兴学科的初步形成。

1984年10月，陈信、龙升照撰写的《人—机—环境系统工程理论在航空中的应用》论文在第32届国际航空航天医学会议宣读，受到各国学者的高度关注和好评。1987年4月国防科工委成立了人—机—环境系统工程专业组，1993年10月中国系统工程学会人—机—环境系统工程专业委员会成立，并每隔两年召开一次学术会议，组织出版了一大批优秀论文，还组织召开了多次全国性人的可靠性和人—机—环境系统可靠性专题研讨会，极大地推动了人—机—环境系统工程理论及其应用在我国的蓬勃发展。

3．系统型安全理论的发展历程

20世纪90年代以来，人类社会逐步步入信息化时代，航空装备的信息化、智能化、复杂化程度不断提高，影响装备维修安全的因素增多，控制安全危险的难度加大；面对信息化战争的作战训练，航空装备使用和保障人员面临各种未知环境条件的严峻挑战，装备使用和保障的难度和风险显著增加；人因维修事故比例增大，人在装备维修安全中的作用地位更加突出；航空维修安全事故致因更趋复杂多样，传统的维修事故理论和系统安全理论面临新的挑战。

面对信息化条件下航空维修安全面临的新情况新特点，世界航空发达国家大力研发航空新技术、新材料、新工艺，更加重视装备的可靠性、维修性、保障性、测试性、安全性、经济性等质量特性的开发，积极发展信息融合的故障诊断和状态监控技术、以网络为中心的维修技术、智能维修和虚拟维修技术，积极创新和发展现代装备安全科学理论，强化装备安全的全系统、全寿命管理，提高信息化装备的效能和质量安全水平。

美国空军的做法具有代表性：

一是深化人因飞行事故预防研究。美国空军从 1947 年—2001 年，共发生了 A 级飞行事故 26723 起,B 级飞行事故 11084 起，损坏飞机 13626 架，死亡飞行员 6849 名，飞行员操作错误造成 A 级飞行事故数占 60%～70 %。从 1980 年以后，美军人为因素造成的飞行事故比例高达 70%以上。由此可见，随着航空装备科技含量和研制水平的不断提高，人为因素飞行事故预防已经成为航空维修安全工作的重点。针对人为因素在飞行事故中所占比例不断增大的新情况，美国联邦航空局和国家运输安全委员会的专家 Scott A.Shappell 与伊利诺斯大学航空学院的 Douglas A.Wiegman 教授自 1997 年开始，根据 Reason 的事故链模型(Reason Model,1990)研制了人为因素飞行事故分析与分类系统，其研究成果于 2001 年开始运用于民用航空安全数据库数据的分析与分类。国际民航组织(ICAO)2002 年的年度计划中，也将人为因素飞行事故分类分析调查程序作为重点研究内容。美国海军航空兵于 1997 年开始研制开发人为因素飞行事故分析与分类系统。人为因素飞行事故分析与分类系统的研究与开发，填补了人的失误领域一直没有操作性强的理论框架空白,目前已被美国陆、海、空三军和民航组织广泛应用,收到显著成效。2000 年美国空军 A 级飞行事故万时率仅为 0.108。近十年来，美军 A 级飞行事故万时率平均为 0.13 左右。

二是领导重视，加强风险管理。2003 年 3 月，美国防部长拉姆斯菲尔德发布了推动新的安全行动的指令，并要求所有军种到 2005 年要将其事故率压低50%，指出："世界一流的组织是不能容忍可以预防的事故的"，"为实现既定的安全目标，空军应当将每个人都积极吸纳到安全管理的链条当中，问责是实现有效领导的必要手段"。其实早在 2002 年 12 月，时任参谋长联席会议主席的杰姆普(John P.Jumper)上将就对空军说过，军方是"既无法容忍，也担待不起这种高水平的损失的"。在拉姆斯菲尔德提出的严格要求的基础上，杰姆普进一步提出了更苛刻的零起 A 类事故的目标。截至 2006 年 9 月 30 日的 2006 财年中，美国空军取得了坠机事故减少和只有 1 人在事故中死亡的成绩，创造了有史以来的 A 类事故的最低值。戈瑞克认为，空军 A 类事故率的大幅度下降是与前国防部长拉姆斯菲尔德大力强调飞行安全的重要性分不开的，因为领导层空前地关注安全问题。空军参谋长默斯利(Michael Moseley)上将也觉得，上边"总在给我们施压"，在风险管理方面，美国空军要求全系统的所有人员都要学会国防部提出的"使用风险管理"(ORM)方案，这样，指挥员以及具体工作人员就能准确评估每项所拟开展的活动中可能存在的危险，并进而采取相应的针对性措施。戈瑞克认为，尽管我们不能完全避免工作中的风险，但我们可以努力去降低它。ORM 就是可用于降低风险的有效工具。比如，如果必须完成某一任务时，执行任务的人就必须去冒一定的风险。但在实际冒风险之前，相关人员就可利用 ORM 来研究潜在的风险，然后有准备地行事，而不会无知或盲目地行事。

三是开展组织安全评估。美国空军安全部长兼新墨西哥州柯特兰空军基地安全中心主任、空军少将戈瑞克指出，柯特兰空军基地安全中心的重要贡献之一是倡导在日常工作中推行组织安全评估。现在，在柯特兰空军基地安全中心的倡导或有些司令部的请求下，许多单位已经采纳组织安全评估的做法。这类评估的好处是可以尽快改善单位的安全飞行成绩。例如，在 2005 财年，空军特种作战司令部发生了 6 次直升机 A 类事故，而在接受安全评估后，2006 年该司令部没有发生一起类似事故。空军作战司令部的 A 类事故最多，但已经从 2005 年的 12 起下降到 2006 年的 4 起。

四是注重安全文化建设。在各级领导的重视下，美国空军系统正在逐步经历缓慢的文化变迁。美国空军启动了提高安全意识的项目，提出空军人员要像"安全上班一样，也能安全地回家"。并要求空军国民卫队和预备役部队，也应努力实现这一目标；在涉及安全问题时，各个层次都开始强调"正确地做事"；在平时更加重视通过装备安全的宣传教育和安全奖励，树立航空安全的价值观、道德观和责任荣誉感。

信息化条件下的社会安全、民用航空安全、工业安全等领域均面临着更为复杂、新的安全问题，在这种背景和现实需求牵引下，现代的安全科学理论得到快速发展，现阶段研究成果主要是安全系统论原理、安全控制论原理、安全信息论原理、安全管理学理论、安全法学原理、安全经济学原理、安全行为科学理论、安全教育学理论、安全工程技术原理、系统自组织思想和本质安全化理论等。目前，还在发展中的安全理论有安全仿真理论、安全专家系统理论、系统灾变理论、本质安全化理论、安全文化理论等，该阶段的理论系统还在发展和完善之中。

2.4.2 航空维修安全工作的主要经验教训

1. 事后型安全理论的局限性

事后型安全理论对于研究事故规律、认识事故的本质，从而对指导预防事故有重要意义，在长期的航空装备事故预防中发挥了重要的作用，是航空装备安全活动实践的重要理论依据。但是，仅停留在事故分析的研究上，一是由于现代航空科学技术的发展和装备安全性的不断提高，事故频率逐步降低，建立在统计学基础上的事故分析理论随着样本的局限使理论本身的发展受到限制；二是由于现代航空装备对系统安全性要求不断提高，直接从事故本身出发的研究思路和对策，其理论的指导效果不能满足航空维修发展的新要求；三是"亡羊补牢"的事后管理模式，缺乏主动性和超前性，使预防维修事故的安全工作处于疲于应付的被动局面。

2．预防型安全理论的缺陷性

预防型安全理论从事故的因果性出发，在装备全寿命过程，着眼对事故前期事件的控制，预先发现现有安全管理中存在的问题，并改善现有的安全管理工作，减少和降低事故发生率，促进装备维修的安全建设，提高维修人员的安全素质，以达到更高的安全目标。由于有了对事故的超前认识，预防型安全理论对实现超前和预期型的安全对策、提高维修事故预防效果有着显著的意义和作用。但是，这一阶段形成的安全理论在安全科学理论体系上，还缺乏系统性、完整性和综合性；面对信息化、智能化、复杂化程度不断提高的航空装备使用维修安全问题，预防型安全理论将面临新的研究课题与挑战。

3．系统型安全理论的前瞻性

预防型安全理论以维修系统危险和隐患作为研究对象，建立了人、机、环境、管理诸要素构成的维修事故系统概念，有了对维修事故超前预防的意识和对策；而系统型维修安全理论则以维修安全系统为研究对象，建立了人、物(机、环境)、能量、信息等安全系统要素体系；强调主动、协调、综合、全面的方法论，确立了系统本质安全的目标，提出了系统自组织思路；重视安全文化的作用，确立了"安全发展"、"系统预防"的科学观，尊重生命的情感观，安全效益的经济观，人、物、能量、信息合一的系统观和安全文化的力量观等安全观念；强调发展应用自组织、自适应、自动控制与闭锁等安全技术提高维修的本质安全；主张从安全系统整体出发，发展安全系统论、安全控制论和安全信息论等现代安全理论，全面、系统、综合地发展安全科学。

第3章 航空维修安全理论

航空维修安全理论是随着人们对维修安全实践经验的不断积累和认识的不断加深而逐步形成的。自第一架飞机升空以来的一百余年历史中，航空事业有了飞速的发展，人们对如何保障装备安全也有了丰富的经验。航空维修安全理论得到了快速发展，构成了以安全科学中的安全管理理论、风险控制理论、安全行为理论、嵌套安全控制理论为基础的航空维修安全理论体系，尤其是以墨菲定律和海恩法则最为人们所熟知，对指导航空维修安全工作实践活动具有重要意义。

3.1 安全管理理论

安全管理理论是安全管理学和安全科学的基础理论。安全科学以安全系统作为研究对象，建立人—物—能量—信息的安全系统要素体系，确立系统本质安全的目标，开展安全系统论、安全控制论、安全信息论、安全协同学、安全行为科学、安全环境学、安全文化建设等科学理论研究。安全管理学是人类社会历史发展过程中所积累起来的关于自然、社会和思维等的知识体系，是人类知识长期发展的总结。其基本任务是运用现代管理科学的理论和原理，探讨、揭示安全管理活动的规律，建立健全安全管理机构体制和安全管理的科学方法。

航空维修安全管理的研究任务包括理论和实践两个方面：一是在理论层面研究安全管理学的本质规律，形成既体现管理又体现安全两个特色的我国安全管理学。研究安全管理学自身的理论，为安全管理方法、措施、手段提供理论依据。二是在实践层面研究安全管理的决策、对策、系统科学的方法、控制论的方法、信息的开发和使用、安全法规、安全教育、安全检查等一系列管理方法、研究安全检测的手段等。

3.1.1 安全管理的基本原理

安全管理是航空维修安全管理的重要组成部分，适用于维修安全管理的基本原理有预防原理和强制原理，每个原理都由与其对应的相关小原则所组成。

1. 预防原理

安全管理工作应当以预防为主，即通过有效的管理和技术手段，防止人的不安全行为和物的不安全状态出现，从而使事故发生的概率降到最低，这就是预防原理。实际上，要预防全部的事故发生是十分困难的，因此，采取充分的善后处理对策也是必要的。安全管理应该坚持"预防为主，善后为辅"的科学管理方法。运用预防原则必须遵循偶然损失原则、因果关系原则、3E原则和本质化原则。

偶然损失原则认为事故所产生的后果(人员伤亡、健康损害、物质损失等)，以及后果的大小如何，都是随机的，是难以预测的。反复发生同类事故，并不一定产生相同的后果，这就是事故损失的偶然性。根据事故损失的偶然性，可得到安全管理上的偶然损失原则：无论事故是否造成了损失，都应防止事故再次发生。这个原则强调在安全管理实践中，一定要重视各类事故和险肇，只有将险肇、事故控制住，才能真正防止事故损失的发生。

因果关系原则认为事件之间存在着一事件是另一事件发生原因的关系。掌握事故的因果关系，砍断事故因素的环链，就消除了事故发生的必然性，就可能防止事故的发生。事故的必然性中包含着规律性。从事故的因果关系中认识必然性，发现事故发生的规律性，变不安全条件为安全条件，把事故消灭在早期起因阶段，这就是因果关系原则。

3E原则指的是工程技术、教育训练和法制。该原则认为造成人的不安全行为和物的不安全状态的主要原因可归结为四个方面：技术的原因、教育的原因、身体和态度的原因以及管理的原因。可以采取的三种防止对策就是工程技术对策、教育对策和法制对策。

本质化原则的实际含义要求设备、设施或技术工艺含有内在的能够从根本上防止发生事故的功能，它应包含在规划设计阶段就被纳入的失误安全功能和故障安全功能。本质安全化是安全管理预防原理的根本体现，也是安全管理的最高境界，实际上目前还很难做到，但是我们应该坚持这一原则。

2. 强制原理

采取强制管理的手段控制人的意愿和行动，使个人的活动、行为等受到安全管理要求的约束，从而实现有效的安全管理，这就是强制原理。安全管理需要强制性，是基于事故损失的偶然性、人的"冒险"心理，以及事故损失的不可挽回性这三个方面的原因。强制原理包括安全第一原则和监督原则。

安全第一原则要求在进行生产和其他活动的时候把安全工作放在一切工作的首要位置。这是安全管理的基本原则，也是我国安全生产方针的重要内容。该原则强调，必须把安全作为一项有"否决权"的指标，建立和健全各级安全生产责任制，从组织上、思想上、制度上切实把安全工作摆在首位，常抓不懈。形成"标准化、制度化、经常化"的安全工作体系。

监督原则是为了促使各级生产管理部门严格执行安全法律、法规、标准和规章制度，保护工作人员的安全与健康，授权专门的部门和人员行使监督、检查和惩罚的职责，以揭露安全工作中的问题，督促问题的解决，追究和惩戒违章失职行为，这就是安全管理的监督原则。我国的安全监督分为国家监督(或监察)、企业监督、群众监督三个层次。航空维修也应建立相应的安全监督机制和体系。

3.1.2 安全管理的基本理论

1. 马斯洛的需要层次论

人的需要是指人体某种生理或心理上的不满足感，它可使人产生行动的动机。人在某一时刻最强烈的需要被称为强势需要，它产生主导动机并直接导致人的行动。美国心理学家马斯洛将人的需要由低到高归纳为生理需要、安全需要、社会需要、尊重需要、求知需要、审美需要、自我实现需要等七个层次。一般情况下，只有当某低层次的需要相对满足之后，其上一级需要才能转化为强势需要。这就是"需要层次理论"。

马斯洛的需要层次理论是国内外许多管理理论的重要基础，应用时注意以下几点：一是注意调查分析本单位需要层次结构的状况，为安全管理提供科学的依据；二是针对不同层次的需要，提出相应的安全管理措施；三是注意需要层次结构的变化，适时调整满足需要的管理方法；四是把安全需要与其他需要作为一个需要体系综合考虑，以提高安全管理的有效性。

2. 双因素理论

1957年，美国心理学家赫茨伯格提出的"激励因素—保健因素"理论，简称双因素理论。他将人的行动动机因素分为与工作的客观情况有关的保健因素和与工作有内在联系的激励因素两大类。保健因素的满足只能防止职工对工作的不满，激励因素的改善却可激发职工的积极性并产生满足感。

与需要层次论比较，保健因素相当于人的较低层次的需求(生理、安全和社交的需要)，激励因素相当于人的较高层次的需要(尊重、自我实现的需要)。在航空维修安全管理中，也应重视保健因素的满足，再充分利用激励因素对部队进行安全激励。将维修安全的近期目标和发展规划，以不同的形式反馈给广大维修人员，以增强对维修安全的信心。

3. 强化理论

强化理论又称为矫正理论，包括正强化、负强化和自然消退三种类型，它是由美国心理学家斯金纳提出来的。此理论强调人的行为与影响行为的环境刺激之间的关系，认为管理者可以通过改变环境的刺激来控制人的行为。其中正强化用于加强所期望的个人行为，负强化和自然消退是为了减少和消除不期望发生的行为。三者相互联系、相互补充，构成了强化的体系，并成为一种制约或影响人的行为的特殊环境因素。

在实际应用中应以正强化为主，慎重采用负强化(尤其是惩罚)手段。注意强化的时效性，同时因人制宜，采用不同的强化方式，利用信息反馈增强强化效果，以便强化机制协调运转并产生整体效应。

4. 挫折理论

挫折理论主要揭示由于动机行为受阻而未能满足需要时的心理状态，以及由此而导致的行为表现，力求采取措施将消极性行为转化为积极性、建设性行为。挫折的形成是由于人的认知与外界刺激因素相互作用失调所致，不以人的主观意志为转移。挫折感因人而异，即使挫折情境相似，不同人对挫折的感受也不同，所受的打击程度也就不同。挫折一方面可增加个体的心理承受能力，使人猛醒，吸取教训，改变目标或策略，从逆境中重新奋起；另一方面也可使人们处于不良的心理状态中，出现负向情绪反应，并采取消极的防卫方式来对付挫折情境，从而导致不安全的行为反应。

在航空维修的安全工作中，应重视挫折问题，积极采取措施帮助受挫者适应挫折，并合理调整无法实现的行动目标，改变对挫折情境的认识和估价，以减轻挫折感，提高工作能力和技术水平，提升个人目标实现的可能性，减少挫折的主、客观因素，开展心理保健和咨询，消除或减弱挫折心理压力。

5. 期望理论

1964 年，佛隆提出了管理中的期望理论。此理论的基本点是：人的积极性被激发的程度，取决于他对目标价值估计的大小和判断实现此目标概率大小的乘积，用公式表示为

$$激励水平(M)=目标效价(V)\times期望值(E)$$

式中：目标效价为个人对某一工作目标对自身重要性的估价；期望值为个人对实现目标可能性大小的主观估计。一般来说，目标效价和期望值都很高时，才会有较高的激励力量；只要效价和期望值中有一项不高，则目标的激励力量就不大。

期望理论明确地提出激励水平与设置的目标效价和可实现的概率有关，这对部队采取措施调动干部战士的积极性具有现实的意义。

3.1.3 安全管理的基本模式

安全管理模式的主题思想是指无论是人身伤亡事故，还是财产损失事故，无论是飞行事故还是其他地面事故，都会对军队和人民造成危害和损害。这些

现象无论从根源、过程和后果，都有共同的特点和规律，对其进行防范都有传统的手段，把部队的所有安全问题进行综合管理，对于提高部队的综合管理效率和降低管理成本有着重要的作用，建立综合管理模式是当今部队安全管理和安全发展的基本趋势。综合管理模式主要分对象化安全管理模式和程序化安全管理模式。

1．对象化安全管理模式

对象化安全管理模式又分以人为中心和以管理为中心两种模式。以人为中心的管理模式把管理的核心对象集中于工作者，建立在研究人的心理、生理素质基础上，以纠正人的不安全行为、控制人的误操作为安全管理的目标。以管理为中心的模式把一切事故的原因都归结为管理缺陷，提倡既要吸收经典安全管理的精华，又要总结本单位的实际安全经验，更要灵活运用现代化管理理论。

2．程序化安全管理模式

程序化安全管理模式又分事后型安全管理模式和预防型安全管理模式。事后型安全管理是一种被动的管理模式，即在事故发生后采取补救措施，以避免同类事故再次发生的管理方式。这种模式应遵循的基本步骤：事故发生—调查原因—分析主要原因—提出整改对策—实施对策—进行评价—新的对策。预防型模式是一种主动、积极地预防事故或灾难发生的对策，是现代安全管理的重要方法和模式。其基本步骤是：提出安全目标—分析存在问题—找出主要问题—制定实施方案—落实方案—效果评价—新的目标。

21 世纪是安全管理得以深化，安全管理的作用和效果不断加强的时代。现代安全管理将逐步由传统的纵向单因素安全管理转变为现代的横向综合安全管理，由事故管理转变为事件管理与隐患管理，由被动的安全管理转变为现代的安全管理，由静态安全管理转变为安全动态管理，由只考虑单一效益的安全辅助管理转变为考虑综合效益的安全本质管理；由外迫型安全指标管理转变为内激型的安全目标管理。

3.1.4　安全管理的基本原则

安全管理工作是一项扎实细致的工作，来不得半点粗心和马虎，为确实有效地落实安全管理的各项规章制度，必须坚持掌握安全管理的基本原则。

1．技术性管理原则

对系统危险采取如下技术对策：消除潜在危险的原则、降低潜在危险因素数值的原则、冗余性原则、闭锁原则、能量屏障原则、距离防护原则、时间防护原则、坚固性原则、个体防护原则等。

2．系统整体性原则

系统整体性由六大属性确定：目标性、边界性、集合性、层次性、调节性和适应性。安全管理的整体性要体现出明确的工作目标，综合地考虑问题的原因，动态地认识安全。

3．全面管理原则

要求在整个航空兵部队实行全面管理，司、政、后、装各职能部门齐抓共管，提高全员的安全意识，调动全员爱装护装、爱岗敬业的安全积极性。

4．合理奖惩原则

应用激励理论奖优罚劣，对于期望的安全行为给予正强化，对不安全行为进行负强化，激发安全减灾的积极性，促进安全管理的良性循环。

5．无隐患管理原则

任何事故都是在隐患基础发展起来的，要控制和消除事故，必须从隐患入手，推行无隐患管理，要解决隐患辨识、隐患分类、隐患检验和检测、隐患档案与报表、隐患统计与分析、隐患控制等技术。

6．安全评价原则

必须按规定定期对部队人员的安全素质、部队安全管理、工作训练现场、装备设备设施、训练方案等进行安全评价，以便对各个环节的安全状态都心中有数。

7．危险预知原则

在安全评价的基础上，在训练工作前后进行危险分析，进行危险的揭露、替告、自检、互查等，对危险行为、装备安全隐患、现场工作环境等进行有效控制。

8．事故判定原则

通过各种方式分析判定可能发生的事故状况，预先针对危险状况和装备故障设计事故、故障或隐患进行登记，对可能发生的事故状况进行超前判定，指导有效的预防活动。

3.2 风险控制理论

风险控制理论是安全风险学的重要内容之一，近 50 年来，以安全系统工程、安全人机工程、风险分析与安全评价等理论为基础的风险控制理论和方法得到了发展。安全风险学的基本理论在认识论和方法论上得到了质的飞跃。

3.2.1 安全风险学的基本概念

安全风险学是一门集安全管理、风险管理、安全经济学等在内的边缘学科。目前，其学科概念、学科体系、研究内容、研究方法等都处于起步阶段。

作为安全科学的重要组成部分，安全风险学的研究内容极其广泛，主要包括风险的识别、风险的控制、风险的决策等。安全风险学涉及数理学、工程学、经济学、决策学、失误学、保险学等多种学科，是一门综合性学科。风险是指在特定客观情况下，在特定时期内预期结果与实际结果间的变动程度，变动程度越大，风险越大。根据风险事件的后果，风险可分为纯粹风险和投机风险。纯粹风险是一种只有损失机会的风险；投机风险是一种既有损失可能性，也有赢利可能性的风险。安全风险学中，风险为特定危害性事件发生的可能性与后果的结合，属于纯粹风险。按照风险发生的机制，可划分为常规风险、事故风险和潜在风险，其中人们在从事生产活动和社会活动时，由于种种原因致使技术设施发生故障，产生人员伤亡、经济损失、环境受到损害的风险为事故风险。

安全风险学应用风险识别方法，科学地识别风险事故可能造成的物质与人身伤害损失，利用风险事故的概率分布，以及风险事故的损失费用等对风险进行估测；依据安全指标，利用安全评价方法，进行风险评价，根据风险程度提出风险处理方案，判定风险处理的效益，选择最佳风险管理和控制技术，以最小成本实现最大安全保障目标。研究风险有许多方法，成本效益分析法研究为减少风险需付出的成本与取得的效果之间的关系，以求得在减少风险与付出代价间的相互协调和平衡；风险效益分析法研究风险程度与效益程度之间的关系，以便于在效益增加程度与风险增加程度之间作出优化选择。

风险管理是指通过识别风险、衡量风险、分析风险，控制风险，用最经济合理的方法来综合处理风险，实现最大安全保障的科学管理方法。风险管理和安全管理之间的区别表现在下述两个方面。

一是风险管理的内容较安全管理广泛，风险管理不仅包括了预测和预防事故、灾害的发生、人—机系统的管理等这些安全管理所包含的内容，而且还延伸到了保险、投资，甚至政治风险等领域。

二是安全管理强调的是减少事故，甚至消除事故。安全管理将安全工作与人机工程相结合，给从事工业生产的人们以最佳的工作环境；风险管理的目标是尽可能地减少风险的经济损失。

二者重点不同，决定了它们的控制方法不同。

3.2.2　风险控制的基本内涵

风险控制理论的认识论以危险和隐患作为研究对象，理论基础是对事故因果性的认识，以及对危险和隐患事件链过程的确认。风险控制理论建立了事件链的概念，有了事故系统的超前意识流和动态认识论。确认了人、机、环境、管理事故综合四要素，主张工程技术硬手段与教育、管理软手段综合实施，提出超前防范和预先评价的概念和思路。风险控制理论具有如下的理论体系和方法特征。

1．风险控制理论体系

由于研究对象和目标体系的转变，危险分析与风险控制理论发展了如下理论体系。

(1) 系统分析理论，即故障树分析理论(FTA)、事件树分析理论(ETA)、安全检查表技术(SCL)、故障及类型影响分析理论(FMFA)等。

(2) 安全评价理论，即安全系统综合评价、安全模糊综合评价、安全灰色系统评价理论等。

(3) 风险分析理论，即风险辨识理论、风险评价理论、风险控制理论等。

(4) 系统可靠性理论，即人机可靠性理论、系统可靠性理论等。

(5) 隐患控制理论，即重大危险源理论、重大隐患控制理论、无隐患管理理论等。

其中，危险分析及隐患控制理论强调从事故的因果性出发，着眼于对事故前期事件的控制，对实现超前和预期型的安全对策、提高事故预防的效果有着显著的意义和作用。但是，这一层次的理论在安全科学理论体系上，还缺乏系统性、完整性和综合性。

2．风险控制理论的方法和特征

由于有了对事故的超前认识，这一理论体系比早期事故学理论提供了更为有效的方法和对策，如预期型管理模式；危险分析、危险评价、危险控制的基本方法过程；推行安全预评价的系统安全工程等。危险分析与风险控制理论指导下的方法，体现了超前预防、系统综合、主动对策等特征。

3.2.3 风险估测理论

1．风险估测基础理论

风险估测是风险控制中最重要、最有效的内容，其基本理论包括大数法则、类推原理、概率推断原理和惯性原理等。

大数法则是指在大量随机现象平均结果稳定性的一系列定理的统称。当观测同类单位或同类事故数目较多时，风险事故就呈现出一定的规律性，呈现出某种必然性的特征。被观察的数量越多，规律就越明显。大数法则为风险估测奠定了理论基础，只要被观察的单位或事故数量足够多，就可以对损失发生的概率、损失的严重程度进行估测，被观察的数量越多，估测值就越精确。

类推原理是利用事件之间的相似关系，从某一事件的存在和发展来推断另一事件的存在和发展。利用类推原理估测风险，能弥补事故统计资料不足的缺陷。

概率推断原理认为事故是随机事件，发生的时间、地点、损失严重程度都是不确定的，但又呈现某种统计的规律性，因此可利用概率论和数理统计的方法求出风险事故状态的各种概率，这种方法是风险估测中应用最多的一种原理和方法。

惯性原理是指当外界作用没有发生突变时，其运动轨迹是连续的，因此可以利用过去的损失资料预测未来的损失情况。

2．风险概率的估测原理

风险概率的估测包括损失概率估测、损失程度估测等。

在对风险概率进行估测时，一般需要考虑三项因素：风险单位数、损失形态和风险事故。通常需要对以下几种内容进行组合估测。

(1) 遭受单一风险事故所致单一损失形态的损失概率。

(2) 同时遭受多种风险事故所致单一损失形态的损失概率。

(3) 不同时遭受多种风险事故所致单一损失形态的损失概率。

(4) 遭受单一风险事故所致多种损失形态的损失概率。

(5) 多个单位遭受单一风险事故所致单一损失形态的损失概率。

估测结果可分为几乎不发生、不太可能发生、偶尔可能发生和肯定发生四种结果。

3．损失程度估测原理

在实际工作中，人们往往更关心风险事故发生后造成损失的程度，风险的严重度排列顺序主要是以损失程度为依据。对于损失程度相同的风险，损失概率较大的风险严重度大。对损失程度的估测是风险分析和估测中的一个重要内容。在对损失程度进行估测时，需要考虑如下三个方面的问题。

(1) 同一损失原因所致的各种损失形态。

(2) 同一损失原因涉及的风险单位数。

(3) 损失的时间性和损失金额。

损失程度的估测通常有三种方式。

(1) 对一个单位在每次事件中最大的潜在损失进行估测。

(2) 对一年内由单一风险事故造成的损失额进行估测。

(3) 对一年内由多种风险事故造成众多风险损失额的总和进行估测。

损失度估测的概念很多，如最大可能损失、最大可信损失、年度预期损失、最大可预期损失、正常损失预期值等。

3.2.4　风险管理理论

风险管理的理论和方法分为控制型和财务型两大类。前者以降低风险事故发生的概率和减少损失程度为目的，重点改变引起意外事故和扩大损失的各种条件；后者是在实施控制技术后，对无法控制的风险所作的财务安排，将消除和减少风险成本均匀分布在一定时期内，以便减少因随机性的巨大损失发生而引起财务上的波动，把风险成本降低到最小程度。空军安全发展中应以控制型风险管理为主。

控制型风险管理理论与技术是在风险评估的基础上，积极采取控制技术以消除风险因素，或减少风险因素的危险性。在风险事故发生前，降低事故发生频率；在事故发生时，将损失降低到最低程度。控制型风险管理技术包括避免风险、损失控制、分散风险和转移风险等。

1. 避免风险

避免风险是指在考虑到某项风险活动的损失频率高、损失程度大时，采取主动放弃或改变该项活动的方式。避免风险是一种最彻底的控制风险技术，它在风险事故发生前将风险因素完全消除。对一些大的工程，必须事先进行风险评价，以便决定是否采用避免风险这一技术措施。

2. 损失控制

损失控制是风险管理中最积极、合理、有效的管理技术，分损失预防和损失抑制两个方面，其目标是最大限度地降低风险事故发生的概率和减少损失程度。损失控制有工程法、教育法和程序法等实施方式。工程法是以工程技术为手段，通过对物质性风险因素的处理，以达到损失控制的目的，其特点是处理风险的措施与有形的工程技术设施相联系，手段直观，效果明显。教育法是通过安全教育和培训来消除人为风险因素，以达到损失控制的目的，是消除人为风险因素、防止不安全行为出现来达到损失控制目的的最基本措施。程序法是指以制度化的程序作业方式进行损失控制的方法，程序法并不是直接处理风险因素，而是以制度化、规范化的方式，保证风险因素能及时处理。

3. 分散风险

分散风险有两种方法。分割风险单位是将面临损失的风险单位化整为零，避免全部同时毁于同一地点；复制风险单位是增加风险单位数量，重复生产备用的资产或设备，当现用资产或设备遭受损失时及时投入使用。

4. 转移风险

转移风险是将自己面临的损失风险转移给他人或单位去承担，大多数借助于协议或者合同，将损失的法律责任或财务后果转由他人承担。

3.2.5 风险控制决策

风险控制决策是整个风险管理过程中最重要的一环，是贯穿各个程序的一条主线。没有科学的风险控制决策，就无法实现风险管理的目标。作为一门新兴学科的重要组成部分，风险控制决策所着重强调的是如何更科学更有效地将各种方法结合起来建立风险决策系统，选择最适当的风险控制方案，把处置风险的无意识行为上升为有意识的组织行动，从盲目试探转化为科学选择。风险控制决策是根据风险管理总目标而进行的决策，风险控制决策的程序为确定风险管理目标，拟定风险处理预案及选择风险处理最佳方案。风险控制决策的理论与方法，主要有损失期望值决策理论与方法和效用期望值决策理论与方法。

1. 损失期望值决策理论与方法

在风险管理决策过程中，由于风险处置手段的多样性以及风险处理方案的复杂性，需用损失模型来描述各种决策方案，反映风险处理最佳方案。

损失模型是决策对象在不同决策方案下存在的损失额与决策效果之间的关系模型。建立损失模型之间的基本要素有以下几方面。

(1) 风险事件可能出现情形的概率描述。

(2) 风险事件可能带来的损失后果。

(3) 针对风险事件所拟定的措施和行动方案。

2. 效用期望值决策理论与方法

以损失期望值为标准选择风险控制决策的方案得到广泛应用，但这种方案没有考虑到同一损失对不同主体的不同影响，所以可以用效用期望值来反映潜在损失的严重性。

效用是指决策人对待特定风险事件的期望收益和期望损失所持的独特兴趣。效用在这里代表决策人对待特定风险事件的态度，也是决策人胆略的反映。运用效用理论的首要工作是确定决策主体对收益或损失的量化反应。

从人们对损失的态度来看，基本上可分为漠视风险型、趋险型和避险型。

(1) 漠视风险者对损失风险没有特别的反应，他的决策完全根据损失期望值的大小。

(2) 趋险型决策者喜欢冒险，不会用高于损失期望值的保费去购买商业保险。

(3) 避险型决策者不喜欢冒险，乐意付出较损失期望值更高的代价去避免冒险。

3.3　安全行为理论

安全行为理论是安全行为科学的重要基础理论，安全行为科学又是行为科学的重要应用分支。安全行为科学不但将行为科学研究的成果为其所用，同时又丰富了行为科学的内容。因此，安全行为科学与行为科学是相互交叉和兼容的关系，是行为科学在安全中应用而发展起来的应用性学科。

3.3.1　安全行为科学的基本概念

行为科学是一门综合学科，是由与研究行为有关的学科组成的学科群，是从社会学和心理学角度研究人的行为的一门科学。它研究人的行为规律，主要研究工作环境中个人和群体的行为，目的在于控制并预测行为，通过改善社会环境以及人与人之间的关系来提高工作效率。行为科学的研究对象是人的行为规律，期望能根据行为规律预测人们在某种环境中可能产生的言行。控制行为指根据行为规律纠正人们的不良行为，引导人们的行为向社会规范的方向发展。人的行为是个人生理因素、心理因素和社会环境因素相互作用的结果，行为研究广泛地涉及许多学科的知识，其中居核心地位的是心理学、社会心理学、社会学和人类学。行为科学是一门应用极其广泛的学科，行为科学的基本理论和方法是我们研究和发展安全行为科学的基础和借鉴。

安全行为科学是建立在社会学、心理学、生理学、人类学、文化学、经济学、语言学、法律学等学科基础上，分析、认识、研究影响人的安全行为因素及模式，掌握人的安全行为和不安全行为的规律，实现激励安全行为、防止行为失误和抑制不安全行为的应用性学科。安全行为科学的研究对象是以安全为内涵的个体行为、群体行为和领导行为。安全行为科学的基本任务，是通过对安全活动中各种与安全相关的人的行为规律的揭示，有针对性和实用性地建立科学的安全行为激励理论和不安全行为的控制理论及方法，并应用于指导安全管理和安全教育等安全对策，从而实现高水平的安全生产和安全生活。安全行为科学可以应用于企业管理，为调动人的积极性和提高工作效率服务；也可以应用于部队装备管理，用以纠正不良行为，控制人为差错，提高管理效能，发挥军事效益。

安全行为科学与安全管理学科有必然的联系。安全行为科学实际上是安全管理科学的一个组成部分。它是通过揭示人们在劳动生产和组织管理中的安全行为及其规律，研究如何进行有效的安全管理和安全作为的一门科学。

3.3.2　安全行为科学的研究范畴

安全行为科学是把社会学、心理学、生理学、人类学、文化学、经济学、语言学、法律学等多学科基础理论应用到安全管理和事故预防的活动之中，为保障人类安全、健康和安全生产服务的一门应用性科学。

1. 研究对象

安全行为科学的研究对象是社会或组织中的人和人之间的相互关系以及与

此相联系的安全行为现象，主要研究的对象是个体安全行为、群体安全行为和领导安全行为等方面的理论和控制方法。

2．主要内容

安全行为科学的主要内容包括：安全行为规律的分析和认识，安全需要对安全行为的作用，劳动过程中安全意识的规律，个体差异与安全行为，导致事故产生的心理因素分析，挫折、态度、群体与领导行为，注意力在安全中的作用，安全行为的激励等。

3．基本任务

安全行为科学的基本任务是通过对安全活动中各种与安全相关的人的行为规律的揭示，有针对性和实用性地建立科学的安全行为激励理论，并应用于提高安全管理工作的效率，从而合理地发展人类的安全活动，实现高水平的安全训练与生活。

4．研究方法

研究安全行为的方法有如下几种。

1) 观察法

通过人的感官在自然的、不加控制的环境中观察他人的行为，并把结果按时间顺序作系统记录的研究方法。

2) 谈话法

通过面对面的谈话，直接了解他人行为及心理状态的方法。应用前事先要有周详的计划，确定谈话的主题，谈话过程中要注意引导，把握谈话的内容和方向。这种方法简单易行，能迅速取得第一手资料，因此被行为科学家广泛应用。

3) 问卷法

问卷法是根据事先设计好的表格、问卷、量表等，由被试者自行选择答案的一种方法。一般有三种问卷形式：判断式，选择式和等级排列式。这种方法要求问题明确，能使被试者理解、把握。调查表收回后，要运用统计学的方法对其数据作处理。

4) 测验法

采用标准化的量表和精密的测量仪器来测量被试者有关心理品质和行为的研究方法。如常见的智力测试、人格测验、特种能力测验等。这是一种较复杂的方法，需由受过专门训练的人员主持测验。

3.3.3　安全行为模式分析

研究人的安全行为模式是揭示行为规律的重要工具。由于人具有自然属性和社会属性，人的行为模式通常也从这两个角度来研究。一是从人的自然属性角度，即从生理学意义上来研究人的行为模式。二是从人的社会属性角度，即从心理学和社会学意义上来研究人的行为模式。

1．人的生理学行为模式——自然属性模式

人的自然属性行为模式是从自然人的角度来说的，人的安全行为是对刺激的安全性反应，这种反应是经过一定的动作实现目标的过程。人的一般安全行为模式规律是：

刺激(不安全状况)→人的肌体→安全行为反应→安全目标的完成

上述几个环节相互影响、相互联系、相互作用，构成了人的千差万别的安全行为表现和过程。虽然这种过程是由人的生理属性决定的，但在因果关系上呈现两个共同点：相同的刺激会引起不同的安全行为；相同的安全行为来自不同的刺激。正是由于安全行为规律的这种复杂性，才产生了多种多样的安全行为表现，同时也给人们提出了研究领导和基层各个方面的安全行为科学课题。

2．人的心理学行为模式——社会属性模式

从人的社会属性角度出发，人的行为遵循如下行为模式规律：

安全需要→安全动机→安全行为→安全目标实现→新的安全需要

需要是一切行为的来源。人有安全的需要就会有安全的动机，从而就会在行为的各个环节进行有效的安全行动。因此，需要是推动人们进行安全活动的内部原动力，动机是为满足某种需要而进行活动的念头和想法。在分析和判断事故责任时，需要研究人的动机与行为的关系，透过现象看本质，实事求是地处理问题。动机与行为存在着复杂的联系，但往往同一动机可引起种种不同的行为，同一行为可出自不同的动机，合理的动机也可能引起不合理甚至错误的行为。

安全行为科学认为，研究需要与动机对人的安全行为规律有着重要意义。人的安全活动，包括制定方针、政策、法规及标准，发展安全科学技术，进行安全教育，实施安全管理，进行安全工程设计等，都是为了满足安全发展的需要。因此，研究安全行为的产生、发展及其变化规律，就需要研究人的需要和动机。其基本的目的就是寻求激励人、调动人从事安全活动的积极性和创造性，按科学规律和组织目标去进行，最终使安全活动变得更有成效。

3.3.4　安全行为因素分析

安全行为具有多样性、计划性、目的性、可塑性，并受安全意识水平的调节，受思维、情感、意志等心理活动的支配，也受道德观、人生观和世界观的影响。安全行为科学正是研究安全行为影响因素的学科。

1．情绪对安全行为的影响

情绪为每个人所固有，是受客观事物影响的一种外在表现，从安全行为的

角度看，情绪处于兴奋状态时，人的思维与动作较快；处于抑制状态时，思维与动作显得迟缓；处于强化阶段时，往往有反常的举动，思维与行动不协调、动作之间不连贯，成为安全行为的忌讳。

2．气质对安全行为的影响

气质是一个人所具有的典型的、稳定的心理特征。气质使个人的安全行为表现出独特的个人色彩。人的气质一般分为四种。

1) 多血质

活泼、好动、敏捷、乐观，情绪变化快而不持久，善于交际，待人热情，易于适应变化的环境，工作和学习精力充沛，安全意识较强，但有时不稳定。

2) 胆汁质

易于激动，精力充沛，反应速度快，但不灵活，暴躁而有力，情感难以抑制，安全意识较前者差。

3) 黏液质

安静沉着，情绪反应慢而持久，不易发脾气，不易流露感情，动作迟缓而不灵活，在工作中能坚持不懈、有条不紊；但有惰性，对环境变化的适应性差。

4) 抑郁质

敏感多疑，易动感情，情感体验丰富，行动迟缓、忸怩、腼腆，在困难面前优柔寡断，工作中能表现出胜任工作的坚持精神，但胆小怕事，动作反应性强。

在客观上，多数人属于各种类型之间的混合型。人的气质对人的安全行为有很大的影响，使每个人都有不同的特点以及各自安全工作的适宜性。因此，在工种安排、班组建设、使用安全干部和技术人员，以及组织和管理工人队伍时，要根据实际需要和个人特点来进行合理调配。

3．性格对安全行为的影响

性格是每个人所具有的、最主要的、最显著的心理特征，是对某一事物稳定和习惯的方式。性格表现在人的活动目的上，也表现在达到目的的行为方式上。性格较稳定，不能用一时的、偶然的冲动作为衡量人的性格特征的根据。但人的性格不是天生的，是在长期发展过程中所形成的稳定的方式。人的性格表现多种多样，有理智型、意志型、情绪型。理智型用理智来衡量一切，并支配行动；意志型有明确目标，行动主动，安全责任心强；情绪型的情绪体验深刻，安全行为受情绪影响大。

4．社会知觉时安全行为的影响

知觉是眼前客观刺激物的整体属性在人脑中的反映。客观刺激物既包括物也包括人。人在对别人感知时，不只停留在被感知的面部表情、身体姿态和外部行为上，而且要根据这些外部特征来了解他的内部动机、目的、意图、观点、意见等。人的社会知觉可分为三类。

1) 对他人的知觉

主要是对他人外部行为表现的知觉，并通过对他人外部行为的知觉，认识他人的动机、感情、意图等内在心理活动。

2) 人际知觉

人际知觉是对人与人关系的知觉。人际知觉的主要特点是有明显的感情因素参与其中。

3) 自我知觉。自我知觉是指一个人对自我的心理状态和行为表现的概括认识。

人的社会知觉与客观事物的本来面貌常常是不一致的，这就会使人产生错误的知觉或者偏见，使客观事物的本来面目在自己的知觉中发生歪曲。产生偏差的原因有：第一印象作用、晕轮效应、优先效应与近因效应、定型作用。

5. 价值观对安全行为的影响

价值观是人的行为的重要心理基础，决定着个人对人和事的接近或回避、喜爱或厌恶、积极或消极。人们对安全价值的认识不同，会从其对安全的态度及行为上表现出来。因此，要求有合理的安全行为，首先需要有正确的安全价值观念。

6. 角色对安全行为的影响

在社会生活的大舞台上，每个人都在扮演着不同的角色。每一种角色都有一套行为规范，人们只有按照自己相应的行为规范行事，社会生活才能有条不紊地进行，否则就会发生混乱。角色实现的过程，就是个人适应环境的过程。在角色实现过程中，常常会发生角色行为的偏差，使个人行为与外部环境发生矛盾。在安全管理中，需要利用人的这种角色作用来为其服务。

人的安全行为除了内因的作用和影响外，还有外因的影响。环境、物的状况对劳动生产过程的人也有很大的影响。环境变化会刺激人的心理，影响人的情绪，甚至打乱人的正常行动。物的运行失常及布置不当，会影响人的识别与操作，造成混乱和差错，打乱人的正常活动。环境好，能调节人的心理，激发人的有利情绪，有助于人的行为。物设置恰当、运行正常，有助于人的控制和操作。要保障人的安全行为，必须创造很好的环境，保证物的状况良好和合理，使人、物、环境更加谐调，从而增强人的安全行为。

3.3.5 安全心理指数分析

从传统的经验管理过渡到安全科学管理，需要对人的不安全行为进行科学的预防和控制，为此需要研究导致事故的心理因素。

1. 事故原因与人的心理因素

引起事故的原因多种多样，有设备因素也有人的因素。人的因素除了生理因素外，还有心理因素的影响。从安全心理学理论出发，人为事故原因分为三类。

一是有意或无意违犯安全规程，破坏或错误地调整安全设备；放纵喧闹、开玩笑分散他人注意力；安全操作能力低，工作缺乏技巧，与人争吵，工作热情下降；行动草率过速或行动缓慢；无人道感，不顾他人；超负荷工作，力不胜任。

二是没有经验，不能查知事故危险；缓慢的生理反应和生理缺陷；各器官缺乏协调；疲倦，身体不适；注意力不集中，心不在焉；职业选择不合理；夸耀心，贪大求全。

三是激情、冲动、喜冒险；训练、教育不够，无上进心；智能低，无耐心，缺乏自卫心理，无安全感；家庭原因，心境不好；恐惧、顽固、报复或身心缺陷；工作单调，或单调的业余生活；轻率，嫉妒；未受重用，遭受挫折，心绪不佳；自卑，或冒险逞能，渴望超群；受到批评，心有余悸。

第三类表现了基本的心理原因。而事故发生前，人在行动起点上的心理大致有五方面的因素：素质癖性；无知，智能低；无意工作，缺乏注意力；被外界吸引，心不在焉，工作掉以轻心；抑郁消沉。

2. 导致事故的心理分析

心理学的"事故倾向理论"认为有些人不管工作情境如何，也不管他们干什么工作，总是易于引发事故。这种理论的意义在于通过对事故造成者进行测量，找出他们的共同个性特征，然后对其个性进行调整或进行安排性适应，如把容易出事故的人分配去做不易发生事故的工作，而把那些在个性方面不容易出事故的人分配去做易发生事故的工作。

1) 性格与事故

性格是一个人较稳定的人生态度和习惯化的行为方式。性格分为情绪型、意志型和理智型。具有理智型性格的人，行为稳重且自控能力强，行为失误少，相比之下情绪型则易于发生事故。由于情绪型属外倾性格，行为反应迅速，精力充沛，适应性强，但好逞强，爱发脾气，受到外界影响时，情绪波动大，做事欠缺仔细。意志型的人属内倾性格，善于思考，动作稳当，但反应迟缓，感情不易外露，对外界影响情绪波动小，但由于个性较强，具有主观倾向，因此也具有事故心理侧面。性格是在生理基础上，在社会实践活动中逐步形成的，是环境和教育的结果。

2) 情绪与事故

情绪是人心理的微观波动状态，人的行为过程往往受情绪的支配。喜、怒、哀、乐、悲、恐对行为产生很大影响。当情绪处于极端状态时，往往是行为失常的基础；行为的失常又常常是事故前提。气质、兴趣、态度等个性心理因素，也与事故行为有特定的联系。

3. 事故心理结构及控制

为了更好地防止事故，需要对事故心理进行有效的控制，控制的前提是预测，事故心理的预测方法有三种。

1) 直观型预测

直观型预测主要靠人们的经验、知识综合分析能力进行预测。如征兆预测法等。

2) 因素分析型预测

因素分析型预测是从事物发展中找出制约该事物发展的重要因素，以作为对该事物发展进行预测的预测因子，测知各种重要相关因素。

3) 指数评估型预测

对构成行为人的引起事故的心理结构若干重要因素，分别按一定标准评分，然后加以综合，做出总估量，得出某一个引起事故的可能性的量的指标。

事故心理的控制就是要通过消除造成事故的心理状态，以达到控制事故行为、保证安全生产的目的。事故的心理因素是对由于影响和导致一个人行为而发生事故的心理状态和成分的总称。

影响和导致一个人发生事故行为的心理因素，不仅内容多，而且各种因素之间存在着复杂而有机的联系。影响和导致一个人发生事故行为的各种心理因素被称作事故的心理结构。在实际工作中，当引起事故的心理结构，遇上引起事故的性格，同时碰到引起事故的机遇时，就必然会出现引起事故的行为。由此，可得出最基本的逻辑模型：

造成事故的心理结构+事故机遇=导致事故的行为发生(事故)

这一事故模型告诉我们，在研究引起事故发生的原因时，首先要考虑肇事者的心理动态，分析事故心理结构及其对行为的影响和支配作用，从而弄清事故心理结构和与事故行为的因果关系。也就是说，可以通过研究造成事故者心理结构的内容要素和形成原因，探寻其心理结构形成过程的客观规律，找出产生事故行为者的心理原因。

在研究事故的预测问题时，应着重于研究造成事故的心理预测，通过调查研究和统计分析进行预测。

3.3.6 安全行为理论应用

安全行为理论可用来深入、准确地分析事故原因和责任，科学高效地控制人为事故。同时，安全行为理论可应用于安全管理、安全教育、安全宣传、安全文化建设等，也可以提高专职安全管理人员的综合素质。作为安全行为理论的应用，主要有如下几个方面：

1. 用行为理论分析事故原因和责任

安全行为理论认为，造成人为失误的原因很复杂，对人为事故原因应该进行深入细致的分析。对于心理和主观方面的原因，应通过教育、监督、检查、管理等手段来控制或调整；对于生理和客观方面的原因，在管理和教育的手段外，要多从物态和环境的方面进行研究。行为科学理论中的行为模式分析、行为因素分析、挫折行为研究、注意力与安全行为、事故心理结构、人的意识过程等理论和规律都有助于研究和分析事故的原因。

根据心理学所揭示的规律，人的行为由动机支配，而动机则由需要引起。需要、动机、行为、目标四者之间的关系非常密切。其中，动机和行为的关系更为复杂，安全管理中在分析判断事故责任人时，应从行为与动机的复杂关系入手，为此可从三个方面进行考虑。

(1) 同一动机可引起不同的行为。

(2) 同一行为可出自不同的动机。

(3) 合理的动机也可能引起不合理的行为。

空军有完善的事故处理与责任分析制度，在分析事故责任者的行为时，要全面分析个人因素与环境因素相互作用的情况，任何行为都是个人因素与环境因素相互作用的结果，是一种综合效应。因此，事故责任者的行为与个人因素和环境因素有关，在分析问题时，要从动机入手，实事求是，透过现象看本质，尽量使事故责任处理准确合理。

2. 在安全管理中运用行为科学

用行为科学指导合理安排工作，根据人的个性心理，合理选择工种在国外得到了普遍应用，在我国，还没有普遍性。对于一些特殊的岗位，应该利用行为科学中对性格、气质、兴趣等个性心理行为规律研究的成果，进行合理的工作安排，减少可能的行为失误。要分析情绪、能力、爱好、生理等特点和状态做出合理的协调。

军队有完善的奖惩制度，在科学应用管理手段进行安全管理时，要善于应用激励理论，如科学运用激励理论激发安全行为，利用角色作用理论，调动各级领导和安全兼职人员的积极性；应用领导理论进行有效的安全管理等。

进行合理的专业搭配，在考虑专业人员的搭配上，为使团体行为安全协调，需要研究人员结构效应，并考虑气质互补、性格互补、价值观倾向搭配等。

3. 安全宣传与教育中运用行为科学

军队历来就重视安全教育和安全宣传，但安全教育和安全宣传的效果往往与其组织形式有关。从行为科学的角度，利用心理学、社会学、教育学和管理学的方法和技巧，会取得较好的效果。应利用认知技巧中的第一印象作用和优先效应强化新手的三级教育；应用意识过程的感觉、知觉、记忆、思维规律，设计安全教育的内容和程序；应研究安全意识规律，通过各种方式强化人的安全意识等。

4. 用行为科学指导安全文化建设

军队安全文化建设的目标就是要全面提高部队的安全文化素质。在部队，不同的对象对安全文化的内容和要求是不一样的，不同的对象需要采取不同的安全文化建设方式。行为科学的理论还认为，人的行为受心理、生理等内部因素的支配和作用，也受人文环境和物态环境等外部因素的影响和作用，因而人的行为表现出其动态性和可塑性，对于行为的控制和管理需要动态、变化的方式与之适应，还要求有艺术、形象、美感的技巧，才能达到理想的效果。因此，安全文化活动需要定期与非定期相结合；安全教育需要必要的重复，也需要艺术的动态；安全宣传有技巧与关键；安全管理要从简单的监督检查变为艺术的激励和启发等。

5. 提高安全监管人员的心理品质

部队必须要设立专职的安全管理和监察岗位，配备具有较高的思想品质和能力素质的专职安全管理人员。这些安全监管人员应当具有工作所必需的道德修养、良好的分析问题的能力、敏捷与灵活的思维和善于综合处理问题的能力；安全监管人员应具有空间想象的能力；还要求具有果断、耐心、沉着、自制、有主见、纪律性强和认真精神等个性品质，以及较好的人际关系处理方面的艺术。良好的修养、合作精神、个人利益服从集体利益和国家的利益、完成任务的纪律性、自我牺牲精神等，都是安全监管人员应具有的品质。安全认识活动的复杂结构要求掌握心理学知识。

思维的高度和深度；分析问题解决问题的独立性和批判性；善于根据个别事实和细节复现过去事件的模型；思维心理过程的状态应当保证揭示信息的系统性与完备性；保证找到为充分建立过去事件模型所必需的新信息的途径等，都要求有行为科学的知识。安全管理与监察工作者在完成自己职责时，还需要适应各种不利的条件，善于抑制各种消极性情，只有建立在对智力、意志和情绪的品质进行训练基础上的适应性，才能很好地完成复杂的各种安全分析、事故处理等活动。通过对安全行为科学的研究和掌握，对提高安全监管人员的全面素质具有现实的意义。

3.4 嵌套安全控制理论

嵌套安全控制理论是安全学的一种系统性应用理论。安全学以安全系统作为研究对象，建立人—物—能量—信息的安全系统要素体系，确立系统本质安全的目标，开展安全系统论、安全控制论、安全信息论、安全协同学、安全行为科学、安全环境学、安全文化建设等科学理论研究。安全学的理论系统还在发展和完善之中，目前已形成的初步体系有安全的哲学原理、安全系统论原理、安全控制论原理、安全信息论原理、安全法学原理、安全经济学原理、安全组织学原理、安全教育学原理、安全工程技术原理等，目前还在发展中的安全科学理论有安全仿真理论、安全专家系统理论、系统灾变理论、本质安全化理论、安全文化理论等。

3.4.1 嵌套安全控制理论的基本概念

嵌套安全控制理论是系统学、管理学、组织学、行为学和安全工程学的融会贯通之作，它连续、密集、清晰、深刻、系统地给出了崭新的一整套安全管理理论和技术方法，能够充分满足空军安全管理工作的实际需要，能卓有成效地解决一线面对的安全技术问题。从互动、闭环和匹配三个本质维度到结构、秩序和牵制三个功能维度，嵌套安全控制理论主要包括下述六个方面的理论贡献。

一是嵌套安全控制理论将结构决定功能的观点深化为结构、秩序和牵制的嵌套决定系统功能的理论。使人们得以从一个新的视角，更清晰地看到事故系统、工程系统、操作系统、管理系统以及社会系统的真实属性，从而可以深切地领悟管理的本质和真谛，自觉运用具有实质性效能的管理方法去解决过去无法很好解决的问题。

二是嵌套安全控制理论系统地创立了嵌套管理机制的见解和主张。改变了传统的命令下达式管理机制，能够根除训练与安全的矛盾，给安全管理带来质的飞跃。它不仅包括基本嵌套控制、系统嵌套控制、行为嵌套控制、层级嵌套控制和梯级嵌套控制的理论和方法，同时也包括一种崭新的，具有实质性、可靠性管理效能的，主管、主办和主监三个层次彼此互动，且相对闭环运行的扁平化组织结构。该理论解决了管理可靠性的可测量问题，对重要的、不容许有闪失的管理问题，具有超乎寻常的管理可靠性。

三是建立了 EOS 嵌套管理系统的学说。阐明了要素管理、目标管理和利害管理三个功能维度之间的嵌套关系，明确强调了要素管理是唯一起核心作用的管理，任何一个单独的管理维度都不具备完整的管理功能，主张建立和运行要素管理、目标管理和利害管理三者嵌套的 EOS 嵌套管理体系。

四是创立了 SEC 嵌套目标体系方法。SEC 嵌套目标体系是 SEC 嵌套管理维度理论所衍生的一种崭新的系统目标管理方法，它出于嵌套管理而又服务于嵌套管理，是一个由结构、秩序和牵制的嵌套而形成的目标管理体系。体系中统计性目标的功能是牵制，其手段包括行政、组织、管理、经济、法律等，是为系统整体设置的；功效性目标的功能是秩序，涵盖了每一个管理要素所涉及的全部规章制度和标准，是为系统的管理要素设置的；控制性目标的功能是结构，涉及系统所有的危险结构，是为危险控制点设置的。

五是开创了对事故进行技术定义的先河。给出了广义事故和具体事故的技术定义，并与事故控制理论紧密地衔接为一个完整的理论体系。事故技术定义解决了事故控制理论的完整性问题，并对系统安全理论的本质进行了具有突破性的精辟解释，事故统计学证明狭义的事故都是可以避免的事故，广义事故则不可能被彻底避免，广义事故的概率可以被人们认识的事实以及狭义事故完全可以被事先识别、防范、控制和避免的事实是一切安全管理学科赖以发展的根据。

六是揭示了分层控制的系统管理路径。按照广义事故系统的宏观认识层面，依据管理者的控制行为、规范控制行为和个体控制行为三种行为整合理论，安全行为组织化过程理论、规范决策和非规范决策理论，以及规范决策的个体技能规范、约定俗成规范和明文规定规范，施以管理控制和行为控制。按照具体事故系统的微观认识层面，依据针对危险源从滋生到消亡的整个周期过程的一套完整的技术分析方法和控制模式，施以技术控制。

3.4.2 嵌套安全控制方法

嵌套安全控制的目的，是通过对行为的嵌套控制来消除个体和群体的行为失误。行为嵌套控制是基本嵌套控制的衍生，属于管理控制和行为控制的重要内容之一。它通过三种行为的整合，实现系统最优化的行为功能，构筑行为嵌套控制的基本结构。

1. 三种控制行为

任何安全管理系统，均包含管理者控制行为、规范控制行为和个体控制行为。

1) 管理者控制行为

一般是指以管理层的名义做出的控制行为。其主要内容是：策划、组织、领导和决策活动。这种活动或许是由于违反行为规范而发动的，或许是属于管理者对行为规范的理解而发动的，或许是属于超出现行行为规范的范围而发动的。管理者控制行为应是合理合法的行政权力或技术职能权力的运用，应具有全面、高效、持续、精确、可预期、专业化和纪律严明的特点，其载体包括官僚组织结构要素和官僚组织行为程序要素等。

在官僚组织结构要素中，应按照命令下传的"层级制"(等级制)原则设定职位，明确规定层级幅度、层级之间的协调关系，按照专门化、专业化的原则分配权限和任务，做到等级森严、职责分明、组织关系严格。即为完成组织目标而进行的专业和权威的工作分工，部门及其干部有明确划定的权限，包括特定义务、权力及强制手段的使用等，且有正式条文说明。干部选任以专业技术资格为标准，官员可在不同专业化分工和层级进行职业升迁。

在官僚组织行为程序要素中，官员以组织成员身份服从组织的行为规范。人们服从的并非是支配者个人，而是服从一个非人格化、组织化的无私行为。这种行为的依据是技术性或法律性的行为规范，通过其控制每个干部的职务行为，表现形式是程序化、标准化的文件，以及得到法律授权的行政命令。干部的职务行为一旦违背行为规范，将受到纪律制裁。

2) 个体控制行为

个体控制行为的主要内容，是维修人员对危险源的控制活动，包括系统中的管理者、工作人员等所有以个体身份做出的控制行动。这种活动或许是由于违反行为规范而发动的，或许是属于个体对行为规范的理解而发动的，或许是属于超出现行行为规范的范围而发动的。个体控制行为的结构由状态、目的和控制三个要素组成。

状态是被控体所处的某种情势。任何一种状态的存在、运动和演变趋势都受其密码所支配。个体运用视觉、听觉、触觉、味觉和嗅觉五种感觉来体验被控体的状态。个体感官在感觉到被控体的状态的同时，势必激起大脑过去习惯的行为规范、积累的专业知识和操作经验的反应，唤起内在的感受，从而得以迅速破译支配状态的存在、运动和演变趋势的密码，并迫切对此时所面对的状态做出决定。

目的是应对状态的存在、运动和演变趋势而选择的控制目标和预期结果等信息，包括控制标准和为达到控制标准而选择的控制路线及操作方法。控制目的包括已确定的控制目的和待确定的控制目的两种。已确定的控制目的，是指预先策划好并经过最高管理者的批准而发布的控制目的，但一般只适用于可以预料的常规状态。待确定的控制目的，是指根据具体的非常规状态而选定的具体目的参数和具体控制技术路线及操作方法。它是基于进一步针对状态的观察、分辨、梳理、认识和判断得出的结果所做出的关于控制导向的决定。

控制是为实现目的而采取的行动，是运用选定的控制技术路线及操作方法等信息，去指导实现选定的控制目的的活动。在控制行为的全过程中，既需要感知，也需要意识。在感知方面，个体面对控制客体的状态，在感性与理性之间徘徊；在意识方面，个体面对行为目标，在正确与错误之间抉择。控制行为既摆脱不了感知，也逃离不了意识，在控制行为中有太多的行为变量，影响着控制行为的成败和效果。

3) 规范控制行为

规范控制行为包含三方面内容：一是按照安全规程、操作规程、工艺规程、检控表所进行的对危险源的规范性控制活动，是个体把行为规范内化为心理尺度的自觉自愿的控制行为；二是行为规范反映了特定情境下控制客体(危险源)的发展、演变的规律，也提供了稳定、安全的用于对危险源进行控制的行为方式和方法；三是行为规范的升级，是围绕行为规范的制定、修订、发布和培训等一系列维护、升级的行为，属于组织的相关级别人员的共同行为。通常是先通过各个级别的协作，产生新的行为规范，再送经组织最高主管审批、签署后发布。

规范控制行为是一种公认的组织力量。它是在安全控制活动中由衷地执行行为规范，自觉地思考对行为规范进行升级，以及在推行个体内在心理体系的整合中促使个体做出更多的规范行动这三者产生的合力。

规范控制行为是人性化的行为规范。字面上的行为规范仅是安全规律的表征和控制行动的提示，它距离实际应用还隔着对控制状态的感知和对控制目的的意识两段路程，远不如规范控制行为生动、娴熟、全面和恰如其分。对于同一字面的行为规范，同处一个工作岗位的不同个体会有不同的认知；不同岗位的个体(如管理者和工人)更会有不同的解读。而规范控制行为是经过沟通、切磋和默契后而升华的产物，是相关人员的共同感知和认识。它只会产生于管理者控制行为和个体控制行为的共同行为过程中，并且永远是他们共同追求的最高行为境界。规范控制行为由规范性控制行动、行为规范和行为规范升级三要素构成。

在规范性控制行动中，个体自觉履行行为规范的要求，并不认为强制性约束的履行是一种强迫，也感觉不到是一种压力，只觉得是理所当然的事情。即使在没有任何监督的情况下，也改变不了这种习惯成自然的行为。这种自觉自愿履行行为规范的行为，称作规范性控制行动。规范性控制行动是个体内在心理体系整合的结果。

行为规范是法律法规、标准、作业指导书、操作规程等继承下来的，并受原则、模式、品质、典型、方案和方法等控制，用以对危险源实施控制的行为依据。行为规范是安全作业控制规律的一种特定形式的表征，它提供了特定情境下的控制客体的发展、演变规律，也提供了稳定、安全的控制行为方式和方法，使潜伏危险的作业获得安全的作业秩序和工艺路线，是具有法律效力的组织规章、工艺和工作程序、技术标准和操作规程。行为规范是管理者控制行为、规范控制行为和个体控制行为的共同行动依据。

行为规范升级，是指当安全作业技术有了实质性提高时，就应立即组织修订安全作业标准，最大限度保证行为规范的先进性、权威性和可靠性。行为规范必须由组织中的各个级别人员共同制定并定期升级。安全规程、操作规程、工艺规程和检查表必须定期通过辨识、评价获得更新。行为规范定期升级的做法，是行为嵌套控制的重要手段。

在现实社会中，管理者控制行为、规范控制行为和个体控制行为是客观存在的事实，但有时也经常处于混乱状态之中。虽然这三种行为的目标都是为了控制危险源，但它们有各自的感知和意识，有各自的行为、结构和过程，有各自的作业路径和活动空间，基本上处于相互封闭缺乏互动的状态，交流少，沟通难，信息不畅通；其中每一种行为都能单独做出影响整个系统的控制活动。这就是滋生个体和群体行为失误的主要根源。

2. 三种控制行为的整合

为了实现组织最优化的行为功能，以确保系统总是输出规范性控制活动。一个系统内的管理者控制行为、规范控制行为和个体控制行为，每一种都能单独决定控制活动。管理者和个体控制行为各自为政的控制活动及其所带有的分化特性，是滋生个体和群体行为失误的根源。嵌套制的一体化功能，就是为了把三种行为拉到同一个运行轨道上来，具有互动且相对封闭的组织结构。其本质是通过将三种行为嵌套在一起投入运行，使其失去单独决定规范控制活动机会，力求获取一致的规范控制活动机会。三种行为的整合，分别有程序、规则及牵制途径、协控途径和调控途径。

1) 程序、规则及牵制途径

牵制途径是让管理者控制行为、规范控制行为和个体控制行为在嵌套制的程序、规则和牵制的运行中得到整合，并输出规范性控制的活动。

2) 协控途径

协控途径是指将嵌套制设置的上中下三个闭环控制回路嵌套在一起，以共同行为规范为准绳，协同诊断及合力操控共同的危险源的控制方式。通过这一方式，管理者控制行为、规范控制行为和个体控制行为得到整合并输出规范性控制活动。

3) 调控途径

调控途径是指在嵌套制的运行中，各个岗位的人员共同对安全规程、操作规程、工艺规程和检控表等控制依据进行制定、修订和升级活动，属于调整性控制。通过它，亦能使三种控制行为得到整合并输出规范性控制活动。

规范性控制活动是通过管理者控制行为、规范控制行为和个体控制行为的整合而形成的控制活动，是庞大的安全行为组织化过程的最终成果。三种行为的结构和整合途径，为其整合提供了充分和必要的条件。

3．嵌套控制组织

为了开展行为嵌套控制活动，需要设置嵌套运行组织和嵌套管理组织两个控制组织。嵌套运行组织是一个协作性的安全作业控制单元；嵌套管理组织是一个协作性的沟通决策小组。嵌套管理组织与嵌套运行组织的任职人员同属一班人马，两者的组织结构都具备直线制和扁平制的复合结构及其双重功能。如安全工程师、安全技术员和作业单元岗位人员之间自上至下的领导关系，体现了直线组织结构及其功能；三者采用相同的行为规范、围绕相同的一组危险源开展的闭环控制活动，体现了扁平组织结构及其功能。

安全工程师、安全技术员和作业单元岗位人员共同组成沟通决策小组，研究、制定和修订行为规范，对规范进行升级，体现了扁平组织结构及其功能；安全工程师领导沟通决策小组，为制定、修订和升级行为规范起草原始方案，经过高层主管批准，发布新的共同行为规范的过程，体现了直线组织结构及其功能。

嵌套运行组织和嵌套管理组织两者都体现出的复合结构及其双重功能，简称为彼此互动且相对封闭结构。所谓"彼此互动"，就是安全工程师、安全技术员和作业单元岗位人员，在共同组成沟通决策小组，研究、制定和修订行为规范，对规范进行升级的同时，采用相同的行为规范，围绕相同一组危险源开展实质性闭环控制活动。所谓"相对封闭"，就是三者在对共同的一组危险源的控制中，都分别按照各自回路和频次进行控制；安全工程师和安全技术员除对危险源进行控制之外，还对下级人员的"控制表现"进行监管性的控制；安全工程师对沟通决策小组行使主管和主持性的控制。

彼此互动且相对封闭结构，是三种控制行为整合的载体，是官僚组织与扁平组织两者互取所长、互补所短的论坛，也是官僚组织与扁平组织实施整合，以调动一切管理资源，实现实质性管理的尝试。官僚组织与扁平组织实施整合的尝试，造就了一个全方位的行为、结构和过程安全管理组织模式。这一模式在组织行为上突出体现三种行为的整合，在组织结构上突出体现工作涉及与组织设计，在组织过程上突出体现沟通和决策。

安全作业管理的组织结构与管理效能的关系，是当今安全管理学研究和实际工作者非常关心的课题，是一个涉及安全工程学、管理学、组织学等广泛学科交叉的边缘课题。为促进这一课题研究，也为了在研究和实际工作中对组织结构描述的需要，探讨安全作业管理组织结构的维度是十分必要的。为此，根据建立嵌套控制组织结构的一些经验和认识，我们总结出嵌套控制组织结构有危险源具体化、授权和牵制、沟通和决策三个维度。

1) 危险源具体化

危险源具体化是指危险源的数量、性质、状态、控制目的和方法的具体化，是工作设计和组织设计的根本依据。因此，对危险源的性质、状态的廓清化，对危险源的控制目的的规范化，对危险源的控制方法的标准化，是组织结构的基本需要。

2) 授权和牵制

授权是指对控制权力的分配。它依据垂直的控制层次进行，以形成对系统的级别控制和梯级控制，按照层次级别和梯级进行权力的分配。

牵制就是检查权力的使用是否得当，是保证程序和规则得到执行的强制约束手段。有授权就有权力，有层次就会有各个层次应遵循的程序和规则。牵制的手段是依据层次和授权而制定的，其作用又是保证层次和授权的有效性。

在授权和牵制这个维度中，授权即依据垂直的控制层次分配权力是第一需要，是核心；牵制是权力和层次的保障。授予各层次的权力主要表现为垂直决策的权力；授予同一个层次的决策权力，应在程序和规则之中得到充分的体现。

3) 沟通和决策

沟通包括同层次的人之间水平方向的沟通和各层次的人之间垂直方向的沟通。这里讲的沟通内容都是围绕着危险源具体化展开的。决策包括垂直决策和同一个层次的水平决策。决策的方法是沟通，决策的内容也是围绕着危险源具体化。因此，有效的沟通和有效的决策，都是建立在对危险源具体化的实质性认识之上的。

嵌套控制组织结构的成功之处在于：嵌套运行组织的设置提供了各个层次的人对共同一组危险源进行实质性控制的机会，保证他们能够对这一组危险源的具体化有实质性的认识和趋向一致的理解。同时，嵌套管理组织的设置也提供了各个层次的人对共同控制的一个作业单元行为规范进行制定、修订和升级的机会，可以保证他们能够针对共同的一组危险源的具体化进行充分沟通，有助于产生高效能的控制。

3.5 墨菲定律与海恩法则

墨菲定律是美军的墨菲中尉于 1949 年首次提出的，即任何事物都能够发生差错，这种差错重复多次总是会发生的。海恩法则是指每起严重事故的背后，必然有 30 次左右的轻微事故、300 次左右的未遂先兆和 1000 起左右的事故隐患。如果把以上二者结合起来用以分析航空装备维修工作，预防人为差错，对保证维修安全将有很好的启示作用。

3.5.1 墨菲定律与海恩法则的基本含义

1. 墨菲定律

墨菲认为自己的一位同事是个倒霉蛋，一次不经意的说了句笑话："如果一件事情有可能被弄糟，让他去做就一定会弄糟。"后来被人们广泛传开并加以引伸，形成了多种说法。如"可能存在的差错，必定发生。""如果坏事有可能发生，不管这种可能性多么小，但总会发生，并引起最大可能的损失。""只要存在着出事故的原因，事故或迟或早总会发生"等。万变不离其宗，它揭示了一个规律，这就是：会出错的事总会出错，如果你担心某种情况发生，就必须做好应对的准备。后来人们把墨菲这一说法叫做"墨菲定律"，而且广为流传。以理推之，事故是难以避免的，因为客观上存在着发生事故的原因。墨菲定律用于航空维修安全管理上，要求把重点放在装备的设计阶段，即装备建设的源头上。就是说在设计时就想到安全，使之有利于使用时的管理和安全可靠。这就要采用技术措施，防止出现差错。

比如电瓶插座的正负极，很容易插错，一旦插错，电瓶就报废了。要避免发生这样的差错，只是强调加强责任心，加强培训还是不能确保万无一失，必须采取技术措施。日本人把电瓶正负极的插头做成不同的规格，正负极接反了就插不进去，这就从根本上杜绝了事故的发生。海湾战争后，美国人把墨菲定律作为一条重要的军事原则，即墨菲原则，写进了战争的指导思想。

把墨菲定律运用于航空维修安全管理，就是要有预见性，预测、预想，制定预案，组织预演，搞好预防。善管者管于未发，管理者要做睿智者，要善于思考，要审时度势。毛泽东参观武侯祠时，在一副对联面前停了 28 分钟，这幅对联上联是"能攻心，则反侧自消，自古知兵非好战"，下联是"不审势，即宽严皆误来治蜀要深思"。邓小平来武侯祠四次，每次都要看这副对联。军事斗争攻心为上，能攻心者，不战而屈人之兵，我们何乐而不为呢？审时度势，富有预见性，凡事预则立，不预则废。有了预见性，就能立于不败之地，否则"宽严皆误"。

墨菲定律告诉我们，人们做某一件事情，如果存在着发生差错的可能性，那么，差错迟早要发生。在航空维修实际工作中，只要存在着发生差错的可能性，那么这种差错事件总会发生的；要想杜绝差错事件，必须消除差错发生的可能性。长期的安全管理和维修实践，证明了墨菲定律的正确性。例如，在航空维修中，诸如拆装机件时忘记打开口销、保险丝等这类小概率事件，通过维修人员的努力、维修组织管理的改善以及采取必要的防范措施，可以减少这类差错的发生，但并不能杜绝这种差错的发生，因为维修人员的不安全行为和(或)装备的不安全状态是引起维修差错主要的直接原因。

现代人素工程告诉我们，人的体力、精力是有限的，要求任何时候任何人都不产生任何差错是难于做到的，尤其是在工作条件恶劣、身体疲劳、记忆力和思维敏捷性下降时，更容易出现差错。维修差错有其发生的必然性，但也存在着可管理性。

2．海恩法则

"海恩"是德国的一个飞行员，他通过对 55 万起伤害事故的统计调查，发现在每 330 起事故中，300 起事故没有造成伤害，29 起事故引起轻微伤害，1 起事故造成了严重伤害。即严重伤害、轻微伤害和没有伤害的事故起数之比为 1：29：300，这就是著名的海恩事故法则(图 3-1)。

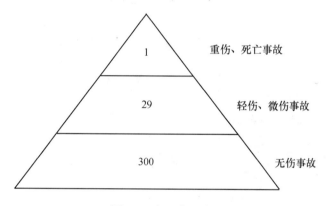

图 3-1　海恩事故法则

他认为人们对导致事故发生的先兆和隐患往往没有注意发现，或者思想麻痹熟视无睹，甚至发现了也没有引起足够的重视。而实际上每一起重大事故背后，必然有 30 次左右的事故征兆，每个事故征兆后面，还含有 300 次左右的事故苗头，以及上千个事故隐患。要消除一次严重事故，就必须敏锐而及时地发现这些事故先兆和隐患并果断地采取措施加以控制或消除。后来，人们把海恩的发现称为"海恩法则"，并逐渐被广泛运用于企业生产管理和有关领域。

"海恩事故法则"反映了事故发生频率与事故后果严重程度之间的一般规律，受到安全界的普遍认同。它说明"无风不起浪"。任何一项事故的发生都是事出有因的，并且是有征兆的。海恩法则告诉人们，要消除 1 次重伤、死亡事故及 29 次轻伤、微伤事故，必须首先消除 300 次无伤事故。也就是说，防止灾害的关键，不在于防止伤害，而是要从根本上防止事故。只要我们坚持预防为主的方针，高度警惕，见微知著，必能防范于未然。可见安全是一门科学、一门艺术，一种完美、一种很高的境界。事故也是可以避免和预防的。安全管理不能总是忙于事故的处理和没完没了的整顿，要在发现和控制事故征兆、排除事故隐患上用气力，尤其要在治本上下功夫。

任何事故的发生总有一个从量变到质变的过程，都要经过萌芽阶段、发展阶段和发生阶段，我们的责任就是要把事故隐患消灭在萌芽状态。所以，安全工作必须从基础抓起，如果基础安全工作做得不好，小事故不断，就很难避免大事故的发生。海因里希事故法则是从一般事故统计中得出的规律，其绝对数字不一定适用于每一个行业。尽管如此，它对航空维修事故预防具有一定的指导意义：一是要"关口前移"，高度重视维修安全的基础性工作，加强装备的安全可靠性设计与制造；二是要转变观念，更加重视事故征候的调查分析和防范，要向对待事故一样对待事故征候，认真调查分析其原因，采取系统性措施，通过预防事故征候的发生而有效预防严重事故的发生。

3.5.2 墨菲定律与海恩法则对航空维修安全工作的启示

把墨菲定律与海恩法则二者结合起来用以分析航空维修安全工作，预防人为差错，对保证维修安全将有很好的启示作用。

1. 要重视发生问题的条件

墨菲定律提出的本意，并不是为发生差错寻找借口，而是给人以警示，提醒人们要注意防止发生差错。其一，单纯从概率论角度分析，小概率事件发生的必要条件，是必须重复无限多次，其概率值才会趋近于 1。换句话说，就是重复的次数越多，事件发生的可能性就越大。作为一名航空装备维修人员，具体的维修行为是有限的，存在维修差错可能的操作就更少，故发生差错后果的概率客观上要远低于 1。其二，概率发生的条件还与每次试验的概率值有关，其值越低，发生结果所需要的重复次数就越多。由于个人素质、从事工作对象的性质、工作环境不同，故发生差错的几率也不同，但可以通过加强对航空装备维修人员培训(法规学习、安全教育等)、改善工作条件等措施，来减少发生差错的可能性。其三，人毕竟具有主观能动作用。在某些方面服从统计规律，并不完全等同于统计规律。有发生问题的可能，但同时也具有纠正和克服问题的能力。这一点很关键。

海恩法则对发生严重事故后的先兆进行了定量分析，姑且不论其 30 次、300 次、1000 次的事故先兆是否那么准确。但有一点是不容置疑的，那就是任何事故发生前都有内在相关的大小不同的问题发生，只不过在实际工作中，由于各方面因素影响，没有引起足够的重视，没有采取有效措施来遏制事件的发展才造成的。这也是在事故、问题的查处过程中，往往会发现经不起检查的地方很多的根本原因。

2. 要重视发生问题的细节

有人说，细节决定成败，是指不经意间流露出的细节，往往更能暴露出事件的本质。作为整个维修过程的大系统来说，虽然工作量很大，工作头绪很多，但其工作内容的具体维修行为、操作动作可能并不复杂，而往往是这些并不复杂的操作却发生了错误，在不经意间错打了一个开关，错按了一个按钮，遗忘了一件小工具或小物品，都有可能发生严重后果。

因此，从事维修工作的机务人员必须牢记维修工作无小事这个概念，增强安全意识，加强维修操作正规化训练，从最基础、最简单的操作做起，克服影响安全的不良行为，养成良好的维修习惯，保证维修安全。作为航空装备维修方面的干部，更要重视发现和解决在平时工作出现的"小差错"和"小问题"，只有这样，才能防患于未然，不至于等问题积累了 30 次、300 次，1000 次后，积小错而成大错后才想办法去解决，那就为时已晚了。

3. 要重视发生问题的先兆

根据海恩法则，既然每起严重事故发生前都有次数不等的轻微事故、未遂先兆和事故隐患，这就为人们采取措施预防事故和消除安全隐患提供了很大空间和余地，也使"个人维修零差错、单位保障零事故"成为可能。例如，一架飞机转场飞行中，空中机械师在客舱发现右发动机短舱外表面有较多滑油痕迹，地面检查发现了右发动机超速调节口处漏油可能导致发动机停车的事故征候。事后查明，这起事故征候发生之前，就发生过 12 起因未装密封圈而造成发动机漏滑油的维修差错。

4. 要用全面的相互联系的观点看待问题

某些暴露的问题往往只是冰山一角，在表象之下有可能隐藏着更大的隐患，且涉及到维修安全的因素众多、关系复杂，故研究问题除就事论事外还要举一反三，注意挖掘影响事物的多种因素之间的联系。在处理具体问题时，可使用事件链分析法，这对预防事故很有帮助。因此，很多问题发生后，有些人总感到那是"巧合"，其实不然，它是众多矛盾的集中体现，是偶然中的必然，是各种因素共同作用而最终导致的结果。

第4章　航空维修安全方法

借鉴军事学、装备学、管理学、系统工程等学科的理论方法体系，结合航空维修安全工作的特点、规律，提出适应航空维修安全发展的科学方法体系，以期为航空维修安全发展的具体工作实践提供科学的方法指导。主要包括统筹优化法、信息分析法、目标管理法、预先实践法、军事运筹学方法和综合评价法。

4.1　统筹优化法

统筹优化法是应用于各学科领域和工程实践的普遍方法，将其系统分析的观点、仿生优化的算法以及统筹规划的思想，应用于航空维修安全的具体实践中，不失为一种基于战斗力保障力提升的航空维修安全发展的科学方法。

4.1.1　系统分析的观点

系统分析从系统的整体目标出发，对系统的论证、设计、试验、生产、使用、保障和退役处理进行科学的分析，以实现系统的优化。空军武器装备系统，除了主战装备飞机外，还有综合保障要素，如维修规划、保障设备、技术资料、计算机资源、训练保障资源、维修保障资源等，这些综合保障要素与主战装备共同构成了武器装备系统。武器装备系统与指挥控制系统和人力资源系统共同构成空军战斗力的基石。在进行系统分析时，应注重把握整体的观点、联系的观点、有序的观点和动态的观点。

一是整体的观点。系统的本质特性就是有机整体性。航空维修这个复杂系统是由多个不同功能的分系统组成的，如武器装备系统、维修保障系统、装备信息系统、人力资源系统、设备设施系统等，这些分系统共同作用才能满足航空维修安全发展的实际需求，才能保证航空装备保障力水平提升的具体实现。这就要求从整体上考虑系统的规律和功能，处理系统各个部分的各种关系，并协调好各个部分之间的接口。一旦发现不安全的隐患或出现重大事故时，除了在部门内部寻找根源，还要从系统的整体和各分系统的界面出发去研究发生的所有事件，从中发现问题、研究问题、解决问题。

二是联系的观点。系统内各分系统之间的联系是相互依存、相互制约的，因而在分析具体问题时既要分析每一个具体事件，还要研究这一事件与其他事件之间的关系。每个分系统都有各自的目标，但这些目标都要服从于系统的安全发展总目标，如果武器装备系统发展过快，人力资源中的技术储备跟不上，就会出现不协调，导致事故的发生；同样如果武器装备系统更新换代，而指挥控制系统依然保持原来的状况，这种不协调也会导致无法形成战斗力而制约发展。

三是有序的观点。系统的有序性主要体现在系统的层次性上。每个系统都有其由高级到低级、由复杂到简单的各种单元组成的层次关系。就武器装备系统而言，每一个大的系统之下都有分系统，分系统下有设备、部件、组件等单元。最高层次的指挥控制系统，功能及结构处于支配地位，其下各分系统则处于从属地位。这些系统与分系统之间都按一定的层次和顺序排列，而且按一定秩序变化，它们之间互相制约和影响也是有一定规律的，在分析时要利用有序的观点去分析和揭示内在规律和先后顺序。

四是动态的观点。系统是动态发展变化的，静止是相对的，运动才是永恒的。空军武器装备系统、人力资源系统、指挥控制系统之间有着物质、能量、信息上的交互和变换。同时，空军作为一个系统本身，也与外界环境之间存在着物质、能量、信息上的交互和变换。系统外和分系统外部的变化发展，会引起系统内部和分系统内部的动荡，系统就是在不断的动态变化中，不断寻找新的平衡点实现协同发展。

运用系统分析的观点，在同样的限制条件下，可以通过合理配置资源，用最少的投资和最低的损耗，提高系统的整体功能，减少严重事故的发生率，达到安全与发展的协调统一。

4.1.2 仿生优化的算法

航空维修的安全发展随着航空装备的更新换代，存在明显的阶段性特征。在不同的历史发展阶段，出现的主要问题不同。安全发展中经常碰到的问题多属于多阶段连贯决策问题，目标函数也是可变的，此类动态问题每次决策过程需要经历问题的每一个阶段，并且总收益函数(有的称其为总目标函数或指标函数)性态复杂甚至不可分，可以采用启发式仿生算法进行求解，通过模拟人、自然及其他生物种群的结构特点、进化规律、行为方式及思维结构，利用定性、定量的科学计算，得到目标整体最优。

在航空维修安全发展中经常需要对未来装备的发展做出预测，对可能出现的不安全因素做出预警，其关键是构建合理的模型。但这些问题涉及的因素很多,因素之间的关系非常复杂,既要在长期的实践活动中积累大量的统计数据,又要从相关的系统理论中抽象出合理的数学模型。令人欣慰的是,仿生算法处理此类问题有其特有的长处。

作为一种隐式模型,仿生算法将系统的结构隐含于模型的参数中,更长于表达那些只有数据而无法用公式表达的系统。同时,仿生算法本身的结构可以是固定的,对于任何一个系统,其模型都可以放在统一的框架结构内处理(或描述)。仿生算法拥有的强大的学习能力和适应能力,提供了一种有效的方法来更新模型,当世界政治军事环境和军事装备性质发生剧烈变化时,仿生算法描述时可实现新旧模型之间的转换,并随着时间的推移,不断增加新的数据,对原有预测作定期滚动修订。它从历史数据中学习,这就满足了根据过去和现在的资料预测未来情况的要求。这种方法为我们建立装备发展预测和安全预警机制提供了一条思路。

4.1.3 统筹规划的思想

统筹的核心思想来源于运筹学原理,最充分地节约和利用时间,最充分地利用和开发资源,简单地说就是:向关键路线要时间,向非关键路线要资源,以达到预期目标的最优。在装备从立项论证开始到退役处理的整个过程,不同类型的武器装备,其全寿命过程阶段不同,但一般可分为论证、方案、工程研制、生产与部署、使用与保障、退役处理等阶段,各阶段之间在时间节点上互有交叉。统筹规划为合理优化资源部署及配置提供了科学的思想。

利用统筹思想,可以摸清系统的变化规律,了解系统的薄弱环节,找到导致事故发生和制约发展的关键环节,统筹兼顾、合理安排各项工作,在确保安全的前提下科学地提高工作效率。在空军发展过程中,飞机机种多、机型多,各种飞机又有不同的飞行特点,造成事故的原因多种多样,按人—机—环境理论来分,大致可以分为人的因素、装备因素和环境因素三大类,其中人的因素占大部分,装备因素次之,环境因素比例较小。发展主要包括装备的更新、人员素质的提高。因此,在安全发展这个复杂巨系统中,涉及的因素可以分为人、装备、环境、管理等四类主要因素,其中,人和装备是基本因素,环境是制约因素,管理是保障因素。

当一个系统的某些因素存在缺陷,或比例失调,或功能丧失,或运转失当时,就可能出现系统突变,危及整个系统的稳定性。因此要实现武器装备系统的可控性,首先需要研究清楚这个系统的构成要素集合,这些要素的组合规律和层次结构特征,这些要素和各个层次及其子系统对整个系统的相互影响和关联度,系统内人工子系统和环境子系统之间的相互制约和适应性。其次运用统筹规划的方法量化这些要素和子系统，统筹兼顾各要素之间错综复杂和对立统一的关系，并根据对系统的认识和分析建立相应的数学模型，在此基础上，运用各种优化方法和技术配置各种资源，使系统协调发展。

在安全与发展的辩证关系中，平时我们可以设定安全为目标，发展为约束条件，即在一定的战斗力提升条件下，突出安全目标；也可以在应急作战准备条件下，设定战斗力为目标函数，安全为约束条件，即在一定的安全指标约束下，突出战斗力提升。运用线性规划和动态规划，可以提供合理的训练方案和换装规划，防止由于装备发展过快，导致人员不能适应新装备而产生的安全与发展的不协调。

4.2　信息分析法

信息作为航空维修的宝贵资源，占据着越来越重要的地位，成为航空维修安全发展的基础、正确决策的前提和有效调控的手段。目前，装备部门根据自身的特点和作战的需要，建立了一大批各自的业务处理系统和指挥自动化系统，积累了大量的历史数据。如何从这样复杂而海量的数据中得到有价值的数据，发现其中隐含的航空维修安全和发展规律，需要采用科学的信息分析方法进行数据的处理。信息过滤、数据挖掘、辅助决策作为信息处理的三个有效步骤，为航空维修安全发展提供了一定的技术支持。

4.2.1　信息过滤

各级航空维修部门在信息化的发展过程中，建立了大量的业务系统，这些系统的数据随着时间和业务的发展而不断膨胀，同时，数据分布在不同的系统平台上，存储在文本文件、XML 文档、电子表格和关系数据库等各种数据源中，具有多种存储形式，在一个部门中并存多个应用系统。这些应用系统可能分散于不同的网络节点、基于不同的操作平台、使用不同的数据库管理系统，而且各个子系统闭环运行，自成一体。

航空维修安全发展中需要多种信息安全、准确、完整、快速、高效地传递，以确保各种计划的及时性和组织控制的效率。而传统的数据处理，关于同一主题的信息可能被分散在各个信息源中，没有形成关于该主题完整一致的信息集合，同时，关于同一主题的数据往往还存在不必要、不适于分析的信息和重复信息，或同一对象在命名方式或表达方式上不一致，等等。因此，在信息被使用前，先对其进行必要的处理，这就是信息过滤。

通过信息过滤，可以去除源传递信息中的大量重复和对统计分析无用的信息，并保证信息的完整性，提高信息的质量。信息过滤首先涉及到的是确定信息源，采集原始信息，进行信息抽取。这些信息源可来自其他业务信息系统，如训练指挥信息系统、维修保障信息系统、装备管理信息系统，或来自公共平台。同一业务类型的信息，也有可能存在多个来源情况，需要评估这些信息源，按实时性和准确性等质量要求，以及采集使用的设备条件、成本限制等标准，选择合适的信息进行采集，定期对业务信息系统进行监视，获取增量信息，保持信息的一致性。

4.2.2　数据挖掘

数据挖掘处理从大量的、不完全的、有噪声的、模糊的、随机的数据中，提取隐含在其中的、潜在有用的信息和知识，数据处理量巨大，是一种有效的信息高级处理过程。传统的依靠数据库的查询检索机制和统计学方法已经远远不能满足航空维修安全发展的现实需要，迫切需要自动地和智能地将待处理的数据转化为有用的信息和知识，从而为决策服务。数据挖掘正是满足这种需要的数据处理技术。

大量关于航空维修安全发展的各种数据和有关事故征候、事故原因分析的原始数据以结构化(如关系数据库中的数据)、半结构化(如文本、图形、图像数据)和非结构化形式存在，甚至是分布在网络上的异构型数据。需要从中发现潜在的规律和知识，数据挖掘中采用的方法综合了数据库、人工智能、统计学、模式识别、机器学习、数据分析等领域的研究成果，可以采用数学的、非数学的方法，也可以采用演绎的、归纳的方法。发现的知识可以用于航空装备维修的信息管理、查询优化、决策支持、安全过程控制等，还可以用于数据自身的维护。实践表明，数据挖掘在安全趋势分析等方面具有较好的应用前景。

4.2.3　辅助决策

航空维修安全发展涉及的决策问题越来越复杂，单纯的经验决策已经无法满足要求，需要更高层次的辅助决策支持。信息是一切实践活动的基础，作为决策支持，对决策者和决策机构首先是信息支持，信息是知识的载体，但信息到知识的转换需要复杂的脑力劳动，有了信息未必就有知识，而有了知识未必就有智慧。现代战争是高技术条件下武器装备体系与体系的对抗，在新装备的综合保障领域，在现代化的指挥控制领域，在改装训练领域，除了信息支持外，还需要知识和智慧含量的决策支持。

决策支持系统可以协助决策者在解决问题的过程中方便地检索出相关的数据，并对各种方案进行试验和比较，为决策者提供参谋和咨询作用。航空维修安全发展中出现的许多问题都是以前没有遇到过的新问题，解决方案没有历史经验可以借鉴。辅助决策法通过启发式交互，刺激决策者产生新的思想和方案，通过信息综合集成获得知识，信息和知识的综合集成获得智慧。充分发挥计算机在逻辑思维方面的优势，人机结合，以人为主，实现信息与知识的综合集成，将不同学科、不同领域的科学理论和经验知识、定性和定量知识、理性和感性知识，通过人机交互，反复对比，逐次逼近，实现定性到定量的认识，从而对经验性假设做出明确结论。

随着决策支持系统的发展，新型决策支持系统如群体决策支持系统(GDSS)、集成决策支持系统(I—DSS)、智能型决策支持系统(IDSS)、分布式决策支持系统(DDSS)等不断出现，为辅助决策法在航空维修安全发展中的应用提供了更广泛的前景。

4.3 目标管理法

目标管理是一种以结果为导向的管理方法。在特定的历史阶段内，设定航空维修安全发展的总体目标，然后根据总目标确定各组成系统的分目标。在航空维修安全发展的目标管理实践中，首先需要对目标进行分解，得到目标逻辑体系；通过主成分分析法，将相互关联的目标集成，简化目标体系；最后，对于目标设定标杆进行比较，评定达标情况。

4.3.1 目标分解

目标分解法是将目标按照类型分解成树形结构。航空维修安全的发展是以促进安全与发展的谐调统一，最大可能地提升部队战斗力和最大幅度地降低维修事故发生率为总目标。按层次向下依次分解为战略目标和战术目标，并由此决定装备管理部门、装备维修保障部门、后勤保障部门等各部门的责任，并进一步决定上、下级的责任和分目标，直至分解到个人目标，作为评估部门和个人贡献的标准。目标类型一般可分为效益型目标、成本型目标等。战斗力指标属于效益型目标，目标值越大越好；事故万时率指标属于成本型目标，目标值越小越好。

目标管理思想的核心是重视成果，重视人的因素，每一个人都必须为着一个共同的目标做贡献，朝着一方向，融成一体，产生出一种整体的业绩。目标树管理机制把管理者从烦杂的事务管理中解放出来，强调计划和控制，分清职责，并对下属给予充分授权。管理者围绕目标进行管理，而不是对下属行为的监控，强调个人目标和组织目标的统一，调动每个参与人员的积极性，将被动的行为变成自觉的行为，个人目标的实现便能达成组织目标的实现，组织目标也可能因个人目标的落空而不能达成。在航空武器装备保障、使用、维修过程中，安全贯穿全过程。通过目标分解，强制性地将安全性指标列入装备保障、使用、维修各个阶段，从结果向前追踪过程，进而实现对系统安全性的操控。

4.3.2　主成分分析

目标分解之后，有可能存在多个相关性的目标，利用主成分分析法，进行统计模式识别，在基本保持原变量信息不变的前提下，通过原变量的少数几个线性组合代替原变量并揭示原变量之间的关系。航空维修安全与发展中遇到的问题，大都是多维非线性问题，利用主成分分析，将数据降维，把高维空间的问题转化到低维空间去处理，使问题变得比较简单、直观，用尽量少的综合指标代替众多的原始数据，并尽可能多地反映原始数据所提供的信息，简化航空维修安全发展的目标体系，抓主要矛盾，突出重点，有利于目标管理的实施。

在航空武器装备系统的现状分析中，利用主成分分析法可以分析某个现行武器系统的各项战术技术指标对其总体作战使用性能的影响程度。由于武器装备系统的各项作战使用性能相互关联，当系统在作战使用方面存在问题而出现异常情况时，只要能抓住系统在主要几项性能指标上所表现的不理想状态，就能把握整个系统的状况。

主成分分析提供了科学而客观的综合方法，对处理大量过程参数间的关系与变化、排除次要因素、提取主要参数具有独到的优势。同时，主成分分析在对多变量数据系统进行最佳简化的同时，还可以提供许多重要的系统信息，如事故的平均水平、事故变异的最大方向和散布范围等。使用主成分分析时，计算的准确性对于主成分分析很重要，但更为重要的是对主成分具有实际意义的合理解释。

4.3.3　标杆评定

标杆管理是将自己的实际状况与先进标杆进行量化评价和比较，分析这些标杆的优势原因，在此基础上制定和实施改进自己工作的策略和方法，反复调整、持续逼近、赶上标杆、超过标杆。

标杆管理是渐进式循环的管理模式，在完成了首次标杆管理活动之后，必须对实施效果进行合理的评判，并及时总结经验，对新的情况、新的发现进行进一步的分析，再次确定新的标杆，实现目标新的飞跃。

标杆评定体现了目标基线设定和对比评估的管理思想。例如，设定飞机的万次无事故率作为标杆，或设定超过对手的战技水平作为标杆。标杆作为激励目标，通过标杆管理带动或促进战斗力提升或安全指标的提高。设定标杆后，在维修系统范围内,将拟定的方案、所要达到的目标前景同全体指战员进行反复交流与沟通,征询意见,争取全体指战员的理解和支持,以统一思想,使全体指战员在方案实施过程中目标一致、行动一致,将方案付诸实施,并将实施情况不断地和最佳做法进行比较,监督偏差的出现并采取有效的校正措施,以努力达到最佳实践水平,努力超过标杆对象。

4.4 预先实践法

航空武器装备系统中由于装备本身的特性,不具备在系统原型上做试验的条件,只能按原型的特征构造一个系统模型(物理的或数学的),并在该模型上做试验。预先实践就是利用各种现代技术和工具,实现对各种操作进行模拟,对大量不可重复的事件进行试验。预先实践作为一种研究、试验和培训手段,具有极好的经济性和实用性。在装备大规模更新的过程中,预先实践在提高系统的安全性、减少损失、节约经费、缩短换装适应期等方面发挥了巨大的作用。

4.4.1 系统仿真

仿真技术在航空武器装备维修系统研究的各个阶段,如方案的论证、系统对象和基本部件的分析、初步设计、详细设计、分析系统试验等各个阶段,均发挥了显著的作用。我们分析安全问题常用的仿真是离散事件系统仿真,离散事件系统一般都具有随机特性,系统的状态变量往往是离散变化的。诸如重大事故、装备换装等事件,需要不同层次、不同内容的模型和仿真。根据离散事件聚合的程度,一般可以分为四类仿真。

1．工程层次的模型和仿真

可以提供武器装备维修系统时间、费用及保障性等问题的性能模拟,直接解决武器系统研制、生产、保障等工程技术问题所要求的工具。

2．系统层次的模型和仿真

可以提供交战仿真和模型,着重在评估单个平台及其武器对抗特定目标或威胁系统的效能,描述一对一、少对少、多对多的对抗过程,对于武器系统的战术技术指标的论证、确定和评价提供工具。

3．部队层次的模型和仿真

可以提供任务仿真和模型,着重评估多种部队或多个平台执行特定任务的效能,为武器系统层次的论证和建模与仿真提供依据和背景。

4．军事冲突最高层次的模型和仿真

可以提供战区/战役模型和仿真,评估联合作战部队在战区和战役层次的军事对抗中的总结果，为其他各层次的分析、建模、仿真提供依据和背景。

由于系统仿真具有不受原型系统规模和结构复杂性的限制，保证了被研究和试验系统的安全性，仿真试验具有很好的经济性、有效性和方便性，并且可用于对设计中未来系统性能的预测等特点，系统仿真在空军的安全发展系统中具有特别重大的意义。

4.4.2　模拟演练

模拟演练法主要是利用三维虚拟仿真平台，构建模拟操作训练系统，模仿现实世界的三维场景，响应用户的输入，根据用户的不同动作做出相应的反应。在作战训练中，模拟演练法对实际操作训练过程进行仿真，它的核心是过程仿真模型，在计算机提供的适人仿真环境中熟练掌握某一装置或某一系统的操作使用方法。实际的操作训练过程是由按照操作规程规定的顺序所完成的一系列操作作业或操作行为组成，通过模拟演练可以大大提高装备保障维修的实际速度，提高安全使用航空武器装备的各项战术技术性能。

随着军事仿真训练需求的不断提高以及计算机网络技术与虚拟现实技术的发展，仿真训练的目的与对象都发生了很大变化，已从原有的单兵种、单武器平台的作战技能训练发展为多兵种、多武器平台的分布式联合军事仿真训练和演练，大型复杂装备虚拟操作训练和作战指挥平台模拟演练已成为一种发展的主要趋势。

4.4.3　虚拟现实

虚拟现实综合了计算机图形技术、多媒体技术、传感器技术、并行实时计算技术、人工智能、仿真技术等多种学科技术，以模拟方式为使用者创造一个实时反映实体对象变化与相互作用的三维图像世界。在视、听、触、嗅等感知行为的逼真体验中，使参与者可以直接参与和探索虚拟对象在所处环境中的作用和变化，仿佛置身于一个虚拟的世界中，通过视觉浸入、触觉浸入、听觉浸入和体感浸入等，产生沉浸感，使训练人员如临其境。

航空武器装备维修的场景可以通过虚拟世界展现，使维修人员熟悉各种实战的情景，通过人机交互，维修保障人员激活输入设备，虚拟现实软件解释输入，然后，更新虚拟世界以及其中的物体。场景变换时，虚拟现实软件重新计算虚拟世界的三维视图及其他信息，并立即送给输出设备以便保障人员看到连续的画面，这样反复训练，使得训练人员可以处置各种突发事件，大大提高训练的强度，降低训练的成本。虚拟现实系统还可以作为装备研制的辅助手段，在设计、定型和试验中，为研制人员提供仿真平台，使假想成为现实的战斗力。通过虚拟现实模拟重大事故发生的过程，可以为安全教育提供操作平台，训练相关人员在处置特殊情况时，应该采取何种手段，起到事先预防的作用。

4.5　军事运筹学方法

航空维修的任何一项工作都有一个计划组织安排问题。严密有效的计划和组织，可以以最短的时间、最低的消耗完成预定的维修任务，提高飞机的完好率和可用率。军事运筹学方法就是用于计划组织的一种有效的科学方法。军事运筹学方法有很多种，下面重点介绍统筹法。

4.5.1　统筹法的概念

统筹法是把工程作为一个系统来看待的。其基本原理是：在系统既定的总目标下对各项具体工作(工序)进行统筹兼顾，合理安排各个工序的逻辑程序，对整个系统进行计划协调，一起有效地利用时间、人力和物力等资源，完成系统的预定目标。统筹法是以网络形式的统筹图来形象地反映整个工程的全貌的，统筹法的全部实质性内容都反映在统筹图上。

4.5.2　统筹图的基本结构

统筹图由工序、节点(事项)、路径三个基本部分组成。

1. 工序

任何工程总是由许多工序组成。工序指的是一项有具体内容和需要一定时间完成的活动，它可以是一项简单的工作(如取下飞机蒙布)，也可以是一项综合性的工作(如拆卸机身后段)。有些需要时间但不需要人力物力的工作，例如，喷漆后待干、检查气密性等，也应看做是工序，因为该工序未完成就不能进行下一道工序。

工序用"→"表示。"→"上方通常标注工序的名称或代号，下方标注工序所需时间，即工序时间。如果工程比较简单，工序时间也用专用的时间标尺表示，此时，统筹图上表示各工序的箭头的长度应按规定，使箭头在时间标尺上的投影长度等于该工序的工序时间，箭杆投影的起点和终点分别是该工序的起止时间，见图 4-1。

2. 节点

工序的起点和终点，即箭杆的两个端点，称为节点，用"○"表示。除了整个工程的起点和终点外，所有的节点都应该是工序的连接点，它既是紧前工序的终点，也是后续工序的起点。

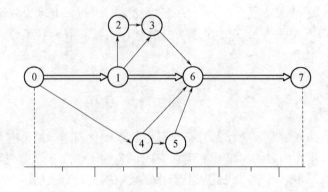

图 4-1　统筹图中的工序、节点和路径三个要素

节点"○"内应有编号，整个工程由起点从左向右编号，各节点的编号不得重复，并要求每个工序箭尾的编号小于箭头的编号，但两个编号可以不连续。为了方便，工序常用箭杆两端节点的编号(i, j)作为工序代号，见图 4-1，①～⑥之间的工序表示为(1,6)。

3. 路径

路径是指从工程起点，顺着箭头方向从左到右连续不断地到达工程终点的一条道路。在一个统筹图中往往存在多条路径。

关键路径是管理的重点。关键路径上的各工序称为关键工序。任意关键工序时间的提前和推迟，直接影响到整个工程工期的提前和推迟。因此，制作统筹图是应尽力找出关键路径，在计划执行过程中应重点照顾各关键节点工序，从关键路径要时间，争取提前完成任务。为了区别，关键路径用红色箭杆、粗箭杆表示。

4.5.3　统筹法的应用过程分析

1. 绘制统筹图的基本步骤方法

1) 工程(任务)分解和分析

工程分解和分析的主要任务是：正确将工程分解为若干工序，分析各工序之间的逻辑关系，估计出各工序的工序时间，最后将分解和分析结果列出工序一览表。

分解后的每道工序都应明确具体，各工序分工明确，关系清楚，特别要把有前后衔接关系的工序分开，由不同专业、单位执行的工序分开，用不同设备或不同方法的工序分开。在航空维修管理中，还要特别注意各专业都在同一架飞机上工作这一特点，有些部位，如座舱，各专业都要用，因此在划分工序时要把座舱使用按不同专业分为不同的工序，并运用逻辑分析合理安排各专业使用座舱的顺序和时间。

工程分解(划分工序)的程度应根据不同的对象而定。对领导机关可以分解得粗一些。对基层单位，则应分解得细一些、具体一些，以便有效地计划组织维修作业。

关于工序时间的确定通常有两种方法。对经常做的常规性工作，如定期检修、机务准备等，其各工序的工时可参照标准定额或凭经验确定，也可取平时工时记录的平均值；对不经常的或受不确定影响因素较多，难以确定工时定额的工序，可采用三项时间估计法，即先估计出工作顺利下所需工时(乐观工时 t_a)、完成工序可能性最大的工时(t_b)和工作进行不顺利条件下所需工时(悲观工时 t_c)，然后用下式计算出工序时间的期望值 $t(i, j)$，即

$$t(i, j) = \frac{t_a + 4t_b + t_c}{6} \tag{4-1}$$

确定工序时间应本着质量第一的观点，工序时间应是确保维修质量前提下的合理时间。

2) 绘制统筹图

根据工序一览表从第一道工序开始，按工序之间的关系从左到右画出路线图，并在图上标出节点编号、工序名称或代号(如代号采用箭杆两端节点编号则不必标注)、工序时间，就得到一张统筹图。在一个工程中，各工序之间的关系主要有三种类型，它们在统筹图上的表示方法如下。

(1) 流水作业型。工序之间存在紧密的衔接关系，表示方法见图 4-1 中的⑩→①→⑥→⑦。

(2) 平行作业型。几道工序可以同时开工，互不影响，则可采用平行作用，以缩短工期。平行作业的表示方法见图 4-1 中的①→⑥与①→③→⑥。

(3) 交叉作业型。某些工作之间存在衔接关系，但又不是非等上道工序全部完成才允许开始下道工序，而是在上道工序完成一部分后即允许开始下道工序，使两道工序的工作交叉进行。例如，有三间房需要安装电线和喇叭，这两道工序可交叉进行，其统筹图见图 4-2。图中的虚线箭杆称为虚工序。

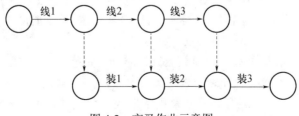

图 4-2　交叉作业示意图

3) 找出关键路径，计算出总工期

随后将统筹图与工序一览表对比，检查整个工程的工序确无遗漏，各工序间的关系表达式确无错误，各工序的时间标注正确，关键路径确定无误，总工时计算准确。

4) 调整优化统筹图

找出关键路径和实现统筹图最优化，是制作统筹图的两个重要环节。一般地说，最初作出的统筹图都不尽完善，必须加以调整修正，尽可能实现统筹图最优化，以期利用现有人力、物力在保证工程质量的前提下尽可能缩短工期。

2．绘制统筹图应遵循的原则

(1) 统筹图应包括工程所必需的全部工序，不得遗漏。

(2) 两个节点之间只允许画一个工序箭杆。

(3) 节点的编号不得重复，箭杆箭头的编号必须大于箭尾编号。

(4) 统筹图上不能出现"死胡同"，即除了整个工程的结尾工序以外，不允许出现任何一个没有后续工序的工序。

(5) 除工程起点外，不能再有其他的起点。

(6) 统筹图是有向的，不允许出现"闭合环路"。

(7) 尽量避免箭杆交叉，以便画面清晰，减少差错。

(8) 正确使用虚工序：虚工序是一种实际上并不存在的虚拟工序，它仅用来表示工序之间的衔接、制约关系。

3．时间参数的计算

1) 节点时间参数的计算

节点本身不占用时间，它只是用来表示某项工序应在此时此刻开始或结束，节点的时间参数有两个：一是最早开始时间，二是最迟结束时间。

节点最早开始时间 t_{ES}。节点最早开始时间，即从该节点开始的各紧后工序最早可能开始的时间，在此时刻之前，各项紧后工序不具备开工条件。也就是说在此时此刻，该节点前的各工序才都告完工。计算方法和步骤如下。

(1) 起始节点的最早时间为零。

(2) 从起始节点开始，顺箭线方向，自左至右用加法逐一推算，直至终点。

(3) 如节点前有数条箭线汇入时，选取其中最早开始时间与其工序作业时间之和最大者。

节点最迟开始时间 t_{LS}。节点最迟开始时间，是指一项活动，为了保证紧后工序按时开工，最迟必须开始的时间，计算方法与步骤如下。

(1) 由于终点的最迟开始时间是由工期要求而定的，所以计算是从终点开始，终点最早开始时间与最晚开始时间相等，也是任务完成时间。

(2) 从网络终点开始，从右向左逆顺序用减法逐一推算，直至始点。

(3) 如节点前有数条箭线汇入时，选取其中最迟开始时间与其工序作业时间之差最小者。

2) 工序时间参数计算

工序时间参数计算在节点最早时间与最迟时间和工序时间基础上进行。

(1) 工序时间 t_E。工序时间就是指在某两个相邻节点之间所描述的工序进行施工时，需要花去的时间。

(2) 工序最早开始时间 t_{ES}。工序最早开始时间，即工序最早可能开工时间。它是指紧前工序完成后，本工序具备开工条件的时间，可用箭尾节点的最早开始时间表示。

(3) 工序最早结束时间 t_{EF}。工序最早结束时间，即工序最早可能完工时间。它等于该工序的最早开始时间与作业时间之和。

(4) 工序最迟结束时间 t_{LS}。工序最迟结束时间，即工序最迟必须完工时间。一项工序在此时尚不能结束，就必须影响紧后工序的按期开工。它是箭头节点的最迟开始时间。

(5) 工序最迟开始时间 t_{LS}。一项工序为了不影响紧后工序的如期开工，应有一个最迟开工的限制，可用该工序最迟结束时间减去该工序作业时间。当紧后工序有多个时，选取紧后工序最迟开始时间与本工序作业时间之差最小者。

3) 时差与关键路径

时差包括工序分时差、工序总时差。

(1) 工序分时差 r。工序分时差为该工序在不影响紧后工序最早开工时间前提下，该工序有多少机动时间，即箭头节点的最早开始时间减去本工序的最早开始时间。

$$r(i,j) = t_{ES}(j,k) - t_{EF}(i,j) \qquad (4\text{-}2)$$

(2) 工序总时差 R。工序总时差为该工序在不影响整个任务总工期的前提下，可推迟的机动时间，亦称为裕度。即工序在其箭头节点的最迟开始时间与该工序的最早开始时间之差。

$$R(i,j) = t_{LS}(j) - t_{EF}(i,j) \qquad (4\text{-}3)$$

关键路径的确定。主要有以下几方面。

(1) 时差法。总时差为 0 的工序为关键工序，因为时差为 0，就是说没有任何机动时间，不允许有任何的拖延，否则就会影响总工期。由这些关键工序组成的路线为关键路径。

(2) 比较法。计算统筹图中的各条线路中工期最长的为关键路径。

关键路径的重要作用主要有：一项任务的按期完成，关键是关键路径上的关键工序的如期完成。关键路径、关键工序明确了，在工作中就可以做到目标明确，重点分明，把人力、物力用到关键工序上去，以保证任务按计划完成；要缩短任务的工期，关键是向关键路径上的关键工序要时间，而不要在非关键路径上的非关键工序上盲目下功夫，造成人力、物力浪费；在确保关键工序前提下，合理安排人力、物力、财力，以及降低成本，提高经济效益。

4.5.4 统筹法在航空维修中的应用

统筹法可以用来研究、分析和设计航空维修过程中的组织和计划问题。目前，在航空维修管理中，凡涉及有多人参加、有多个相互关联的工序组成的工作(例如，飞机(350+50)h 中修及飞机的机务准备等)，在工程的计划和组织上，都广泛运用统筹法，着重解决工程的进度问题，以及人力、物力、设备的统筹安排和成本控制问题。现举例说明。

例：某型飞机单机再次出动准备统筹图。某型飞机单机再次出动准备共 9 项工作，由 5 人完成，共需时 45 min。按图 4-3 统筹图安排工作，在任一时刻均保持 5人工作，只要工作配合协调，可以充分发挥每个人的作用，以最短时间完成任务。

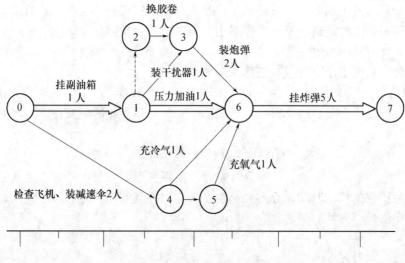

图 4-3 飞机再次出动准备统筹图

4.6 综合评价法

航空维修安全的影响因素很多。客观、准确地评价一个单位的安全状况是一件很困难的事情。评估一个单位的安全状况，往往根据事故发生情况、安全技术、设备情况、维修作业环境、人员素质以及安全管理情况等因素进行。还涉及一系列的子因素，不仅数量众多、权重不同，而且大部分很难用经典的数学方法来描述。如一个单位的维修安全管理工作情况，只能用好、较好、一般、较差等模糊概念来描述。于是，就需引入模糊综合评价模型。

4.6.1 建立综合评价因素集

因素集是影响评判对象的各种因素组成的一个普通集合。对于维修安全而言，因素集是由决定一个维修组织的各种因素的全体构成综合评价因素集合：

$$U=\{u_1,\ u_2,\ \cdots,\ u_n\}$$

式中：U 为因素集；u_i $(i=1,\ 2,\ \cdots,\ n)$ 为影响维修组织安全的各种因素，如事故发生情况、安全技术、设备状况、维修作业环境、维修人员素质等因素。由于这些因素是多因素，可进一步划分为 $u_i=\{u_{i1},\ u_{i2},\cdots,\ u_{im}\}$，根据问题的需要及性质可继续进行划分，直到满足要求。

4.6.2 建立评价集

评价集是评判者对评判对象可能作出的各种总的评判结果所组成的集合。通常用 V 表示，即

$$V=\{v_1,\ v_2,\ \cdots,\ v_n\}$$

式中：各元素 $v_i(i=1,\ 2,\ \cdots,\ n)$，即代表各种可能的总结果。对于维修安全评价，可按维修安全等级来设定，也可以给出定性的评价，如好、较好、良好、一般、差等。

4.6.3 建立综合评价权重集

在因素集 U 中，各因素对组织的维修安全状况的影响程度是不一样的。为了反映各因素的重要程度。根据其影响程度，对各个因素 $u_i(i=1,\ 2,\ \cdots,\ n)$ 赋予一相应的权数 $a_i(i=1,\ 2,\ \cdots,\ n)$。由各权数所组成的集合：

$$A=\{a_1,a_2,\ \cdots,\ a_m\}$$

称为因素权重集,简称权重集。各权数 $a_i(i=1,2,\cdots,n)$ 可视为各因素 u_i $(i=1,\ 2,\ \cdots,\ n)$ 对重要的隶属度，可由人们根据实际问题的需要主观地确定，也可按确定隶属度的方法加以确定。一般采用以下两种方法来确定：①专家评分法；②两两比较法。

1. 专家评分法

由该方面的专家组成专家评审组，由每位参评的专家根据自己的经验，为

105

每项因素的划分出权重，综合平均所有专家的意见，即可得出各因素的权重。

设由 m 位专家组成评定组，第 i 位专家对第 j 项因素评定的权重为 a_{ij}，则第 j 项因素的权重为

$$a_j = \frac{1}{m}\sum_{i=1}^{m} a_{ij} \tag{4-4}$$

依次评定出每项因素的权重后，组成模糊权重集。

2. 两两比较法

T. L. Saaty1980 年提出的"层次分析法"中已对两两比较法作了完整阐述。所谓两两比较法，是每次在 n 个属性中只对两个属性 i 与 j 因素进行比较，判断尺度如表 4-1 所列。

表 4-1　两两比较法

	定义	判断尺度
i, j	绝对重要	9
	重要得多	7
	重要	5
	稍微重要	3
	一样重要	1
2，4，6，8 为介于上述两个相邻判断尺度中间		

通过和决策者对话，进行两两因素间重要程度的比较，可得出比较矩阵 A：

$$A=[a_{ij}]_{n\times n}$$

矩阵 A 具有如下性质：

$$a_{ij}=1; \quad a_{ij}=1/a_{ji}$$

对矩阵 A，利用和积法可简便地计算出权重系数，计算步骤为

对 A 按列规范化

$$\overline{a_{ij}} = \frac{a_{ij}}{\sum_{i=1}^{n} a_{ij}} \quad (i,\ j=1,2,\cdots,\ n) \tag{4-5}$$

1) 再按行相加得和数

$$\overline{w_1} = \sum_{j=1}^{n} \overline{a_{ij}} \tag{4-6}$$

2) 再规范化，即得权重系数 w_i

w_i 就是对应于 n 个因素的权重系数，即可得到相应的权重集 w。

$$w_i = \frac{\overline{w_1}}{\sum\limits_{i=1}^{n} \overline{w_i}} \qquad (4\text{-}7)$$

3) 一致性检验

应用两两比较法和决策者对话可得到比较矩阵 A，但是可能发生判断不一致，故需要进行一致性检验。一致性检验，就是检查决策者对多属性评价的一致性。完全一致时，应存在如下关系：

$$a_{ik} = a_{ij} \, a_{jk}$$

反之就是不一致。当判断检验一致时，应该有 $\lambda_{\max} = n$。

定义一致性指标为 $C.I.$ 为

$$C.I. = \frac{\lambda_{\max} - n}{n-1} \qquad (4\text{-}8)$$

根据 Saaty 的实验结果，$C.I.$ 只要满足

$$\frac{C.I.}{C.R.} < 0.1$$

就可认为满足所得到的比较矩阵的判断可以接受。上式中 $C.R.$ 是 Saaty 进行一致性研究的试验结果，见表 4-2。

表 4-2　$C.R.$ 的计算值

n	3	4	5	6	7	8	9	10
$C.R.$	0.58	0.9	1.12	1.24	1.32	1.41	1.45	1.51

上式中：

$$\lambda_{\max} = \sum_{i=1}^{n} \frac{[AW]_i}{nW_i} \qquad (4\text{-}9)$$

式中：W 为权重向量。

4.6.4　建立模糊关系矩阵

采取评审打分方法建立模糊关系矩阵 $R(r_{ij})$。由若干名专家对各子因素 r_{ij} 进行评价

$$r_{ij} = \frac{\text{对} V \text{中某一因素，专家划分为某一档次的人}}{\text{评审专家人数}}$$

得模糊关系矩阵 R：

107

$$R = \begin{bmatrix} r_{11} & r_{12} & r_{13} & \cdots & r_{1n} \\ r_{21} & r_{22} & r_{23} & \cdots & r_{24} \\ \vdots & \vdots & \vdots & \vdots & \vdots \\ r_{m1} & r_{m2} & r_{m3} & \cdots & r_{mn} \end{bmatrix}$$

4.6.5 模糊综合评判

综合评判可表示为

$$B = W \cdot R$$

权重集 W 可视为一行 m 列的模糊矩阵，上式按模糊矩阵乘法进行运算，即有

$$B = (w_1, w_2 \cdots, w_m) \cdot \begin{bmatrix} r_{11} & r_{12} & r_{13} & \cdots & r_{1n} \\ r_{21} & r_{22} & r_{23} & \cdots & r_{24} \\ \vdots & \vdots & \vdots & \vdots & \vdots \\ r_{m1} & r_{m2} & r_{m3} & \cdots & r_{mn} \end{bmatrix} = (b_1, b_2, \cdots, b_n)$$

式中：B 为模糊综合评价集，$bj(j=1，2，\cdots，n)$为模糊综合评判指标。对 B 进行归一化处理：

$$\overline{b_i} = \frac{b_1}{\sum\limits_{i=1}^{n} b_i}$$

$$B = (b_1, b_2, \cdots, b_n)$$

设 S 为安全等级的划分，则一个维修单位的安全状况综合评价得分为

$$f = B \cdot S$$

维修安全性的综合评估，为维修安全的科学提供了定量的决策依据，可进一步改善维修安全管理的有效性。

第5章　航空维修安全技术

　　航空维修安全技术，是做好安全工作的重要一环。维修工作中，若不懂安全技术，不采取有效的安全技术措施，是很难确保维修安全的。因此，研究安全技术理论和措施是十分重要的。本章主要介绍危险性分析与检测技术、系统安全分析与安全评价技术、事故预测及风险分析技术和事故应急救援理论与技术。

5.1　危险性分析与检测技术

　　危险性，是指会造成人员伤亡和财物损失的潜在性原因在某种激励源影响下，发展成为实际危险，即发生事故。危险是安全的反面，它从相反的方面表示了系统的安全性。在实施安全管理时，必须对危险性进行评价与分析。

5.1.1　危险性分析

　　危险性分析是指对系统或某项操作过程的危险和激发事件进行分析，剖析它们之间的因果关系，分析事故的发生与发展过程，估计事故发生的概率。由一系列系统安全分析方法组成。这些方法具有较强的逻辑推理功能，且都能进行定性和定量分析。

1. 故障模式和影响分析

　　故障模式和影响分析(FMEA)，是安全系统工程中重要的分析方法之一。该法将系统分割成子系统再进一步分割成元件，逐个分析元件可能发生的故障及故障呈现的状态(故障模式)，然后分析故障模式对子系统以致整个系统产生的影响，最后采取措施加以解决。该法逻辑性较强，能够基本查明元件发生各种故障时带来的危险性，是一种比较周密和完善的方法，既可用于定性分析，也可用于定量分析。

　　在系统进行初步分析后，对于其中特别严重，甚至会造成死亡或重大财物损失的故障模式，应单独进行详细分析，称为致命度分析(CA)。

　　CA 与 FMEA 结合，称之为故障模式影响致命度分析，简称 FMECA。它是应用一般归纳法，通过研究可能发生的故障及对系统的影响来分析、评估系统可靠性的方法。主要用于设计阶段，以鉴定可能发生的故障并及早修改设计加以消除或减少。该法也应用于产品寿命的其他阶段。在制定维修大纲时，必须应用 FMEA 和 FMECA 进行维修性信息分析；在故障诊断和事故调查中，它也是有力的工具。

2．事故树分析法

事故树分析法又称失效树分析法，也是安全系统工程主要的分析方法之一。近几年的大量实践证明，事故树分析法是分析、预测和控制事故最有效的方法之一。就是通过对可能造成系统故障的各种因素(包括硬件、软件、环境、人为因素等)进行分析，建立事故树，借以确定系统故障原因的各种可能组合方式及其发生概率，从而采取相应措施，提高系统安全性。

事故树分析法是一种图形演绎法。事故树用一系列记号和逻辑门符号，描述系统中各种事件之间的因果关系，是一种倒置树状的逻辑因果关系图。可自上而下地看出系统发生事故的原因，也可自下而上地看出元件设备故障、环境因素和人为差错等对系统的影响。对维修人员来说，所建成的事故树是良好的形象管理和维修指南。

该分析法大致步骤如下。

(1) 系统分析。

(2) 调查系统发生的事故。

(3) 确定事故树的顶上事件。

(4) 调查与顶上事件有关的影响因素。

(5) 建造事故树。

(6) 事故树的定性分析。

(7) 事故树的定量分析。

(8) 安全性评价。其中，第 1 步～第 4 步是分析的准备阶段，也是传统安全管理的内容，第 5 步是分析正确与否的关键，第 6 步是分析的核心，第 7 步是分析的方向，第 8 步则是分析的目的。该法的主要缺点，是过于复杂，所建树形繁杂，工作量太大，易导致错漏。

3．事件树分析法

事件树分析法(ETA)，是通过对可能造成事故的初因事件和事故过程中各中间事件进行分析，建立事件树，借以确定事件原因的各种可能组合方式及其发生概率，从而采取相应措施，提高系统安全性的一种分析方法。

事件树分析法与事故树分析法有很多相似之处，都是建立一种树状的逻辑因果关系图，且建树过程和方法完全类同。它们的最大不同是，事件树分析法强调事件的发展变化过程，分析导致事故的中间环节，因而又称事故过程分析。

事件树分析法最初是用于系统的可靠性分析，以硬件系统为对象，分析正常与失效两种情况。该法应用于安全管理进行事故分析，分析对象是人—机—环境系统，分析某事件成功与失败的情况，对事物发展各个环节事件给以肯定或否定的判断，从而得到各种不同的结果。用事件树来分析事故(包括差错、故障等)，能够指出如何避免事故和消除事故的根本措施，改进系统安全状况，对航空维修人员进行直观的安全教育；能够从宏观角度分析系统可能发生的事故，掌握系统中事故发生的规律；能够找出最严重的事故后果，为确定顶上事件提供依据。一般来说，事件树分析法对任何系统均适用，尤其适用于多环节事件和多重保护系统的事态分析。

4. 可操作性研究

无论生产还是维修，都是一个系统活动，是一个运动的整体。而很多潜在的危险性在静止时往往被掩盖着，一旦运转起来便出现了。因此，仅仅考虑设备本身是不够的，还必须考虑运行操作。可操作性研究(O.S)，是利用设备在运行过程中状态参数的变化，来发现潜在危险性的安全分析方法。其理论依据是：运行过程的状态参数(温度、压力、流量等)一旦与设计规定的条件发生偏离，就会发生问题或出现危险。可操作性研究的实质，是对某一运行过程进行全面考察，了解其中每一部分在运行时出现的与设计规定的偏差，进一步追究其原因以及可能导致的结果。可操作性研究主要用于设计和运行过程中的安全性、可靠性问题分析，在维修上可作为危险因素和故障查找的手段。

可操作性研究是从中间过程进行分析，研究的对象是状态量的偏差。其主要内容包括：系统可能会发生哪些偏差(异常)，发生偏差的原因有哪些，这些偏差可能会产生哪些影响(导致什么故障和事故)，应采取哪些措施等。

对设备或操作过程进行可操作性研究的大体步骤如下。

(1) 确定分析对象。

(2) 设定分析程序。

(3) 查找状态量偏差原因。

(4) 组织分析小组研究。

(5) 编制可操作性研究表格。

5.1.2 危险性评价

评价系统安全性时，一般是对系统存在的危险性进行评价，才能对危险问题的解决提供方法、措施。危险因素导致危险后果的评定取决于两个方面，一是危险的严重性；二是危险的可能性。危险严重性，指由人为失误、环境条件、设计不当、规程有误、系统(子系统或部件)故障或失常等可能引起的最严重事故的估计。危险可能性，指单位时间(单个事件、总体、项目等)内可能产生危险的次数。它可根据实际使用过程或历史数据进行确定。

危险性评价，可采用主观的定性分析，产生相对的危险风险评价；也可通过发生概率的定量化得出该危险状态的优先因子数值，然后通过计算结果进行评价。对于生产或维修人员在某种具有潜在危险的环境中作业操作的危险性进行评价，通常采用"打分法"，即认为影响危险性的主要因素，是发生事故或危险事件的可能性、暴露于这种危险环境的频率和一旦发生事故可能产生的后果等三个方面，这三个因素根据不同情况被赋予一定分值，然后进行相应的危险性评价。可用下式计算：

$$S_w = L \times E \times C$$

式中：S_w 为危险性指数；L 为事故或危险事件发生的可能性；E 为暴露于危险环境的频率；C 为发生危险可能的后果。

5.2 系统安全分析与安全评价技术

运用系统的观点对航空装备维修安全的事故模型和导致事故的原理与机制进行思维推理和定性、定量分析，用以预测同类事故发生的可能性，依据事故模型做出系统安全分析和危险评价，制定安全决策。

5.2.1 系统安全分析技术

航空维修系统安全分析是一种在装备研制初期开始进行的系统性检查、研究和分析技术，它用于检查系统或设备在每种使用模式中的工作状态，确定潜在的危险，预计这些危险对人员伤害或对设备损坏的严重性和可能性，并确定消除或减少危险的方法，以便能够在事故发生之前消除或尽量减少事故发生的可能性或降低事故有害影响的程度。

1. 分析类型

GJB 900 规定了 5 种常用的系统安全分析类型，包括初步危险分析(PHA)、分系统危险分析(SSHA)、系统危险分析(SHA)、使用和保障危险分析(O&SHA)以及职业健康危险分析(OHHA)。每种分析适用于系统寿命周期的不同阶段。此外，GJB 900 还规定了软件安全性分析(SSA)及工程更改建议的安全性评审等其他类型的分析。

2. 分析时机

一般来说，在系统寿命周期的早期，进行系统安全分析是最经济有效的，因为在这时通过设计更改来消除或控制危险是比较容易的。通常在论证和方案阶段进行分析的费用最低，在工程研制与生产阶段的费用则会迅速增长，在使用阶段费用最高。但是，由于在研制阶段的早期缺乏分析用的数据，因此，在论证阶段只能进行初步危险分析，方案阶段开始进行分系统危险分析，工程研制阶段开始进行系统危险分析、使用和保障危险分析以及职业健康危险分析，如图 5-1 所示。

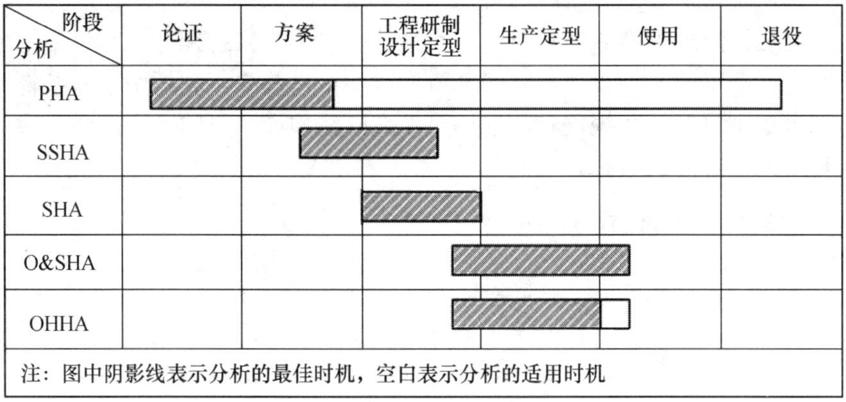

分析 ＼ 阶段	论证	方案	工程研制设计定型	生产定型	使用	退役
PHA	/////	/////	/////			
SSHA		/////	/////			
SHA			/////			
O&SHA				/////	/////	
OHHA				/////	/////	

注：图中阴影线表示分析的最佳时机，空白表示分析的适用时机

图 5-1 系统安全分析的时机

3．分析方法

为了使系统具有最佳的安全性，系统安全技术人员必须向系统设计人员提供有关系统危险的所有信息。为此，系统安全技术人员必须采用系统性的分析方法。通常选择下述的一种或几种分析方法。

系统安全分析包括定性分析和定量分析。定性分析用于检查、分析和确定可能存在的危险、危险可能造成的事故以及可能的影响和防护措施。常用的定性分析方法有故障危险分析(FHA)、故障模式及影响分析(FMEA)、故障树分析(FTA)、潜在通路分析(SCIA)、事件树分析(ETA)、意外事件分析(CA)、区域安全性分析(ZSA)，接口分析(IFA)、电路逻辑分析(CLA)、环境因素分析(EFA)等。除了上述分析方法外，在对具体系统进行各类危险分析时，根据需要还可采用标示法、立体模型法等作为辅助分析方法。

定量分析用于检查、分析并确定具体危险、事故及其影响可能发生的概率，比较系统采用安全措施或更改设计方案后概率的变化。定量分析目前主要用于比较和判断不同方案的系统所达到的安全性水平，作为对有关安全性更改方案决策的基础，定量分析必须以定性分析作为依据，常用的定量系统安全分析方法有故障模式、影响及危害性分析(FMECA)、故障树分析和概率估算等。

4. 分析方法的选择

在具体的系统安全分析中，可根据分析对象的特点，选择一种或几种分析方法组合使用，以满足所规定的分析要求。在选择分析方法时，应考虑下述两条准则。

一是分析应当尽量广泛，应尽可能多地、有效地识别和评价所有的危险。

二是对每种危险的分析应尽可能彻底和准确。

为满足这两条准则的要求，系统安全技术人员必须选择一种可以最好地利用当时所能获得的系统设计信息的分析方法。在系统安全分析中，系统性的分析方法可识别更多的系统危险，并尽可能准确地预计其影响，提出最有效的消除或控制危险影响的措施。

5.2.2 系统安全性评价

安全性评价(Safety Assessment)，在西方一般称为风险评估(Risk Assessment)。是指综合运用安全工效学和安全系统工程等方法，对系统的安全性进行预测、度量和评估，通过对系统存在的危险性进行定性、定量分析，确认系统发生危险的可能性及其严重程度，提出必要的措施，以寻求最低的事故率、最小的事故损失和最优的安全效益。这种评估，包括人的素质及其不安全行为，设备的完好性及其存在的事故隐患，环境因素的现状及其存在的不安全因素。实践证明，安全性评价对识别作业区域的危险性大小，弄清事故隐患对象和部位，及时进行针对性整改，防患于未然的作用巨大，效果明显。

1. 安全性评价的原理

1) 相关原理

用来分析系统结构特征和事故的因果关系。系统结构特征可以用两个公式进行表达：

$$E_0 = \max f(X.R.C) \quad f \rightarrow G \ f \rightarrow H$$
$$S_0 = \max \{S|E_0\}$$

式中：E_0 为函数在 G、R 两个条件下所能得到的最优结合效果；$f \rightarrow G$ 为函数在对应于目标集的条件下；$f \rightarrow H$ 为函数相应于环境因素约束集的条件下；X 为系统组成要素集；R 为系统要素的相关关系集；C 为系统要素的相关关系在层面上的可能分布形式；S_0 为具有最安全结构效果的安全系统；S 为系统结构的各个阶层。

系统安全性评价就是寻求 X、R、C 的最安全结合形式和最安全输出系统。事物因果关系是普遍存在的现象。任何事物变化都不是孤立的，而是相关事物在演变中相互影响的结果，这就是原因和结果的因果关系。其特点是原因在前，

114

结果在后，两者紧密联系。深入分析事物的依存关系及其影响程度，是揭示其变化特征和规律的有效途径。

2) 类推与概率推断原理

当两个不同事件之间的相互联系规律已知，即可利用先前事件的发展规律来推知后续事件的发展趋势。如可从电机发动机发出的杂声来推知故障。如果评价事件与先前事件之间的联系可用数字来表示，则称为定量类推；如果这种联系只能用性质来表示，就称为定性类推。

当系统变化呈不确定性时，如果不确定因素复杂且多种变量是随机的，则预测评价对象未来变化就有一定难度，只好改用概率论和数理统计等方法求出随机事件可能出现各种状态的概率，然后根据概率判断准则去推断评价对象的未来状态，即所谓的概率推断。

3) 惯性原理

事物发展一般都与过去的行为有千丝万缕的联系，即所谓本性难移。也就是说，事物发展都带有一定的延续性，它不仅会影响现在，也会影响未来。这个特点称为惯性。惯性越大，影响程度越大。利用这一惯性特征进行系统评价，必须以系统相对稳定为条件。一般地讲，系统的发展不会是历史的重复，而是只保持其基本发展趋势而已，并常会发生偏离的现象，故要抓住惯性发展的主要环节及其偏离程度，才能得出正确结论。

2. 安全性评价内容

1) 人员行为的安全性评价

通过对人员不安全心理状态、不安全行为和操作的可靠度等行为测定、评价其安全性。人员之所以出现不安全行为，有生理和心理上的多方面原因，也有技术水平和环境问题。统计数字表明，生理上的原因占了较大比例。产生不安全行为的典型因素有：判断过程的差错(错听、错读、错记录、错操作，感觉认识上错误，联络、确认不充分，因反射行为而完全忘记危险，遗忘或暂时记忆消失、中断)，单调作业引起疲倦和失神，精神不集中，忽视规程和规律的不良习惯，疲劳状态下的行为，操作方向错误，作业对象和操作工具选择错误，以及紧急状态下的错误行为等。人在操作上的差错，是指要求作业者的功能与实际完成的功能之间的偏差。其除了操作对象之外，还应包括操作者的生理和心理因素以及环境条件。

2) 危险性评价

危险性评价主要是对设备、装置和部件的故障和人机系统设计的评价。评价其对维修活动安全的影响和已有维修安全对策的可靠程度，亦称安全和可靠度评价。设备本身及相关物资评价的基本因素，有设备、部件的完好率和不合格率，磨损和劣化程度，构件的强度是否足够等。

3) 作业环境评价

作业环境评价是对作业场所危害威胁作业的有害因素、影响设备可靠性因素等进行的评价。例如，维修作业的高温环境、辐射、有害有毒气体和粉尘等，都会直接或间接影响到维修工作效率，危害人员健康和设备安全。

4) 综合管理评价

对安全管理体系的有效性和可靠性、安全管理组织措施的完善性、使用和管理人员的安全素质，以及对不安全行为的控制有效性等进行评价。

3．安全性评价的组织

安全性评价是一种安全管理的有效手段和管理工具，只有进行合理组织才能产生最佳效能。

为此，首先要成立由组织领导、各部门负责人和各业务技术专家组成的安全性评价机构，下面分设各专业评价小组。如机械、特设、电气、无线电和综合管理评价小组等。要明确分工，落实责任，各组相互独立，相互配合，搞好总体协调。

其次，要认真细致地做好安全性评价前各项准备工作，制定科学的安全性评价计划。一般包括：①评价任务和目的；②评价对象和区域；③评价标准；④评价程序；⑤评价负责人和成员；⑥评价进度；⑦评价要求；⑧试点建议；⑨安全问题的发现、统计和列表，整改措施的提出；⑩测试方法；⑪整改效果分析；⑫总结报告等。

再次，要做好安全性评价的系统分析工作。根据安全性评价的基本情况，进行资料汇总和整理分析。安全问题的分析，包括人员素质(安全意识和安全技能)、设备现状(结构、电气安全、安全装置的完好率等)、环境和管理分析等。

最后，制定安全管理对策措施。这是评价后期的一项重要工作，包括提高全员安全素质，普及安全知识，完善规章制度和操作规程，消除各种安全隐患，改善安全环境，明确安全责任等。

5.3　事故预测及风险分析技术

航空维修事故的发生虽然存在着不确定性，但从总体上却有一定的规律性。规律是可以认识的，航空维修事故发展变化规律也不例外。航空维修事故预测研究和风险分析技术就是通过对事故现象和安全活动事实的观察、分析和总结，采取科学的方法，发现它的发展变化规律，积极预防事故的发生。

5.3.1　事故预测概念

预测的历史由来已久，可以说有人类以来，人们在生产劳动、社会生活中，对未来就充满着多种多样的希望、理想、推断和设计，并不断探索和追求。但真正成为科学的预测，则是近代才开始的，具体时间说法不一，可一直追溯到马克思对科学社会主义和共产主义社会的预测。一般认为，真正开展科学预测工作是从 20 世纪 60 年代开始的，并逐渐形成一门综合学科，现仍在不断发展中。

顾名思义，事故预测就是对系统未来的安全状况进行预报和测算。针对预测对象的不同，事故预测一般分为宏观预测和微观预测。前者研究事故的变化趋势；后者分析系统的危险隐患，预测与评价系统的安全状况。从预测发展趋势看，定量与定性相结合、现代数学与计算机技术相结合是预测研究的主导方向。

预测由预测信息、预测分析、预测技术和预测结果四部分组成。预测信息是指在调查研究的基础上所掌握的反映过去、揭示未来的有关情报、数据和资料；预测分析就是将各方面的信息资料，经过比较、核对、筛选和综合，进行科学的分析和测算；预测技术是预测分析所用的科学方法或手段；预测结果是在预测分析的基础上最后提出的事物发展趋势、程度、特点以及各种可能性结论。

航空维修事故预测，是指在对已发生的航空维修事故的资料进行统计、分析和处理的基础上，以事故发生的规律为依据，对目前尚未发生或还不明确的维修事故预先做出合乎逻辑的推测判断。这种推测和判断不是主观臆断，而是建立在对维修事故发生规律研究和科学的逻辑推断基础之上的。由于航空维修事故引发因素的复杂性，我们可以运用系统的理论方法，对事故历史资料进行挖掘分析，建立合乎客观规律的数学模型，运用计算机技术科学地进行预测，预先提出预防事故的对策措施。

航空维修事故的预测的目的在于预防事故，要提高事故预防的针对性和有效性，必须加强预测。航空维修事故预测的意义在于为安全管理者提供足够的系统安全信息，使其能够按照预测评价的结果，对系统进行调整，加强薄弱环节，消除潜在隐患，以达到系统安全最优化的目的；当领导决策部门和决策者掌握了有关事故发展变化趋势信息后，经过科学判断，提出预防措施，并进行事先积极预防，可有效地控制事故，减小事故损失；通过事故预测，还可以进一步探索和认识航空维修事故的客观规律，找出事故发生的显性原因、隐性原因和深层次原因，为制定航空维修安全工作的法规制度提供参考依据，为航空维修安全管理提供决策支持。

5.3.2 航空维修事故预测要素、原理和步骤

理解航空维修事故预测的要素，把握航空维修事故预测的原理，掌握航空维修事故预测的步骤，是开展维修事故预测的基本要求，也是开展预测工作的基础。

1. 事故预测要素

搞好预测是不容易的，因为未来维修安全的发展趋势受多种因素影响，而且这些因素的变化也很难准确把握。尽管如此，只要预测者掌握好预测的基本要素，充分了解维修安全的演变过程，把握其基本规律，对未来维修安全的发展趋势做出判断和预测，是可以达到一定精度的。

1) 信息要素

安全信息是在航空维修工作中起安全作用的信息集合。它是航空维修安全活动所依赖的重要资源，也是安全预测的基础。从航空维修安全信息的性质看，信息包括过去的(历史)信息、现在的信息和未来的信息。过去的和现在的信息是安全预测必需的信息，未来的信息是通过预测求得的信息。预测有科学预测和非科学预测之分。所谓科学预测，是根据历史和现实的信息，运用科学的分析方法揭示出来的发展规律，并对未来状态所做出的科学判断。

例如，飞行事故顶测，不论是人为因素飞行事故的预测，还是机械原因飞行事故的顶测，都必须大量收集飞行事故历史统计资料和当前飞行安全的状态信息，进行系统全面地分析和研究。不论是做出判断预测，还是运用数据资料建立事故预测模型进行定量预测，都是以信息为基础的。而非科学预测，大多数是不运用任何历史和现实的资料所做出的一种猜测，同求神卜卦、测字算命以求先知没有本质差别。因此，可以说信息是科学预测的基础。

2) 方法要素

方法要素是指进行维修事故预测时所采用的方法手段。维修事故预测的质量如何，不仅依赖于所使用的信息，而且同选用什么样的方法紧密相关。预测是科学，但同时又是艺术。预测方法是科学的，但选用哪类哪种方法却是一种艺术。预测理论发展到今天，已经积累了许多行之有效的预测方法，据不完全统计，多达 300 余种。要解决好对预测方法的选择问题，首先要对预测方法进行科学的评价，并根据预测对象的具体情况，进行合理选择和运用。目前，国际上使用的预测方法很多，要一一加以评价是相当困难的。因此，许多评价研究是将预测方法归类，然后对各类方法进行评价。

3) 分析要素

航空维修事故预测的实质是一种安全分析。根据维修事故资料和选用的方

法进行预测，在预测前后都必须进行分析检验或做出解释。一方面，对预测结论做出解释，说明为什么是这种结论，其原因是什么；另一方面，如果预测失误，原预测要发生的事件实际上未发生，要解释清楚该事件为什么未发生。因此，航空维修事故预测过程是对预测结论(事件)进行分析和解释的过程。分析的内容主要有以下几方面。

(1) 预测前的理论分析。

预测目标确定以后，要根据收集到的历史数据和准备选用的预测方法，进行理论分析，以检验是否符合所建模型的理论前提条件。例如，要用普通最小二乘法建立多元线性回归预测模型，建模数据的质量和数量都要达到一定的要求。样本容量在数量上超过自变量与因变量的总数，在质量上要求自变量之间不存在多重共线性，随机干扰项不存在自相关和异方差，但要求自变量与因变量之间要存在某种实质性的因果关系，这些都要求在建模预测前进行分析。

(2) 预测后的检验与分析。

预测结果做出以后，要对预测结果进行质与量的检验分析。首先，要分析预测结果是否符合安全科学理论；其次，要分析预测的假设条件是否成立；第三，对预侧误差或拟合误差要做出残存分析检验，论证预测模型的合理性后，方能把预测模型和结论交给用户使用。

(3) 对预测结论(要发生的事件)做出有说服力的解释。

为用户真正能理解预测结果，必须对预测的结果进行解释。例如，预测到下一年度飞行事故万时率有上升趋势，并且会达到什么水平(范围)。预测报告就要针对这个问题进行分析，从定性和定量的角度，解释下一年度飞行事故万时率上升的主要原因(包括显性原因、隐性原因和深层次原因)，以便用户理解预测结论，积极预防飞行事故的发生。如果飞行事故实际发生的数量低于预测的结论，也要从用户和预测者两方面分析原因。如果是由于用户根据预测者的建议，结合飞行安全实际，采取了积极有效的预防对策和措施，减少了飞行事故的发生(这也是预测者的期望所在)，要认真总结经验，进一步做好飞行安全工作；如果是由于预测者的失误，导致预测结果的误差，预测者要认真总结教训，找出问题所在，并解释清楚因何原因导致预测失误，使用户满意。

4) 判断要素

判断要素是预测要素中最主要的要素，它对预测结果产生重要影响。

(1) 影响预测信息资料的选择质量。

不论是飞行事故预测，还是地面事故预测，可用的信息资料都有许多种，而且有许多常常是彼此相关的。这些信息资料的来源不同，或多或少都有其自己的特定背景，如果不进行分析判断，毫无保留地使用，难免会对预测结果产生不利影响。因此，选用何种信息资料，常常要靠预测者的理论修养和预测经验的积累程度进行判断。

(2) 影响预测方法的选择。

预测未来装备事故的方法很多，有的适用因果型的，有的适用直观判断型，有的方法预测精度高，有的方法预测费用大，但易于获得预期的结果。选用何种方法，需要根据预测事件的形态、本质、已有信息和可能提供的费用做出判断。

(3) 影响预测值的确定。

航空维修事故预测是对未来事故发展状态所做的一种估计，由于预测方法的不同，对未来事故发展状态所做的估计也不同，有些估计值需要根据最新的维修安全形势进行某些调整或修正，有些则不需要，这些均需判断。判断是一种艺术，而且是一种高超的艺术，只有依靠长期的预测实践，不断地总结和积累经验，才能掌握好这种艺术。

2. 事故预测原理

航空维修事故预测原理，实质是装备维修事故发展变化规律的可认识性原理，具体讲就是可知性、连续性、相似性、相关性、必然性和偶然性等原理。

1) 可知性原理

预测的哲学基础是：事物是可知的，未来事件是可以预测的。大量实践证明，人类可以通过一系列的预测研究活动了解和把握各种自然、社会、经济、军事等事件的演变规律，进而预测其未来状态，这就是预测的可知性原理。飞机自诞生以来已有一百余年的历史，在它的发展过程中，人类既为它的使用和进步欢欣鼓舞，也为它带来的灾难深感痛心。经过一百多年来对航空维修事故的探索和研究，人们逐渐认识了航空维修事故的发展演变规律，对它的预测和预防也越来越有效。

2) 连续性原理

连续性原理，也称连贯性原理，简单说就是任何客观事物的发展变化过程都表现出它具有延续性，即在系统内部各因素、外部环境大体相当的条件下，某种事物过去发生的变化规律，必然具有某种惯性，并按照其原来变化规律而发生变化和发展。连续性原理说明，未来是今天的延续和发展，过去和今天的决策，将会或多或少地影响到未来，过去和现在存在的某些规律，在未来一段时间将继续存在。航空维修事故预测的对象是一个复杂的大系统，这个系统的运行规律也应该符合连续性原理，并受到它的影响和制约。连续性原理有两方面的含义。

(1) 时间的连续性。

它是指在航空维修安全系统中，如果过去一直受某种政策、做法的支配，现在即使停止这种政策和做法，航空维修安全系统也不能立即消除这种政策和做法的影响，而会仍按其原有的惯性运行一段时间。

(2) 系统结构的连续性。

这就是说航空装备安全系统的结构可以认为在短时间内是不变的，它存在着相对—稳定性。

这两点是进行航空维修事故预测的依据，前者是运用时间序列分析方法进行趋势外推的基本假设；而后者是利用因果关系，建立结构模型进行预测的主要依据。

3) 相似性原理

相似性原理是指许多特征相近的客观事物或同一事物在比较相似的环境下，它们的变化有着相似之处，变化规律比较相同。因此，在进行航空维修事故预测时，就可以运用这个原理，去寻找某些相近的客观事物或同一事物在相似的环境下的运行状况，通过寻找和分析这些相似事物变化规律，或相近环境不同时期的同一事物变化规律，研究航空维修事故的预测。例如，新型航空装备不安全隐患的消除和事故率的预测，就可以依据技术水平相近或功能相似的航空装备系统(相似系统)的安全状态，类推新型航空装备系统的安全状态，并提出改进措施。

4) 相关性原理

航空维修安全现象之间的相关性，是指在维修安全系统中，许多安全变量之间存在着相联关系，有些变量之间的关系是线性相关的，有此则是非线性相关的。在线性相关关系中，有些是正相关的，有些则是负相关的。这些关系常常在一定的安全系统中反映出因果关系。例如，在飞行训练系统中，飞行事故发生起数的多少，一般情况下与飞行训练的时间数量、强度难度等呈正相关关系，与飞机固有质量、维修质量、航空人员素质等是负相关关系。如某型飞机的发动机存在固有质量安全隐患，在一年的时间内，曾发生多起机械原因飞行事故。因此，掌握好航空维修安全系统变量之间的因果关系，就可以建立预测模型，进行事故预测。

5) 偶然性和必然性原理

任何事物的发展都有一定的必然性和偶然性，而且在偶然性中隐藏着必然性，航空维修事故也不例外。因此，对航空维修事故进行预测和分析，就可以通过对装备事故偶然性的剖析，揭示维修安全系统内部隐藏着的必然性规律，从偶然性中发现必然性是有规律可循的，这个规律就是人们普遍应用的统计规律。例如，通过对空军几十年具体事故的统计分析，就可以外推未来维修安全宏观趋势；通过对航空系统多年来人因飞行事故引发要素的统计分析，就可以揭示人因飞行事故的基本模式等。

综上所述，对航空维修事故进行预测并达到一定精度，尽管有一定难度，但并非不可能，因为人们的认识能力是无穷无尽的，对任何事物都是可以认识的。但是，在一定的时间、地点和条件下，人们的认识能力又都是有限的、不完全的。因此，人们只有经过反复的学习和实践，并通过对航空装备安全现象的反复考察和深入研究，才能够掌握其发展规律，正确认识其发展过程，使维修事故预测的精度不断提高。

3. 事故预测步骤

航空维修事故预测步骤与一般预测步骤基本相同，其实施过程可以分为两个阶段：第一阶段是归纳过程，即从搜集与预测有关的资料开始，经过对资料的分析、处理、提炼和概括，到用模型的形式刻画出预测对象的基本演变规律；第二阶段是演绎或推论过程，即利用得到的基本演变规律，根据对未来条件的了解和分析，推测(或计算)出预测对象在未来时期可能表现的状况。在此过程中，需要综合考虑各种确定的和不确定的因素可能造成的影响，采用多种方法加以处理和修正，并进行必要的检验和评价，然后才能得出个可供决策参考的最终预测结果。预测工作的基本步骤如图 5-2 所示。

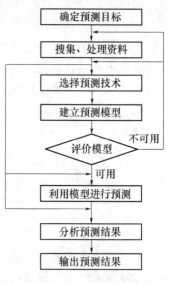

图 5-2 预测工作步骤

1) 确定预测目标

预测是为决策服务的，所以要根据决策部门所提出的要求来确定预测的目标，并据以确定属于哪类预测，应满足哪些标准、条件等。例如，是短期预测，还是中期或长期预测；是定性预测，还是定量或定时预测；预测的范围多大；对预测结果的精确度有什么要求；拿出预测结果的最后期限等。这些都直接涉及对预测工作各阶段的具体要求和需要采用的具体做法。

上一级的预测目标，是预测严重飞行事故的次数、万时率以及事故性质、机种、科目分布等情况，为短期预测，可以是下一年度或阶段的预测。预测报告应概述预测方法、步骤，应对下一年度或阶段的安全状况做出定性、定量分析，并提出减少事故发生的措施。

下一级的预测，则着重预测本单位下一年度或季度、月份发生事故的可能性有多大，导致事故的潜在原因，问题症结何在，并提出预防措施等。预测的目标不同，所需的资料和采用的预测技术和方法也有所不同，有了明确的目标，才能据以搜集必要的信息资料和选用恰当的预测方法。

2）搜集、处理资料

准确可靠的资料是预测分析的基础。预测之前，必须掌握大量的、全面的、准确有用的数据和情况。如历年事故万时率、次数，各单位各机种飞行事故万时率、次数；飞行时间，飞行计划时间，训练内容、重点、难度；各类人员思想状况、文化基础、技术水平；航空产品质量、故障率、维修水平；机械故障率、机务差错率、操纵问题发生率等。同时，对于搜集来的各种资料还要进行审核、调整和加工，并对处理后的资料进行初步分析，画出统计图，观察统计数据的特征和分布，作为选择预测方法的依据。

3）选择预测方法

主要根据预测目标和事故数据资料的初步分析，判断事故过去发展变化的初步规律，选用适当的预测技术和方法。实际预测工作中，主要根据安全管理部门对预测结果的要求，结合开展预测工作的条件和环境，兼顾经济、方便、效果好的原则，去合理地选择预测方法。在资料不够完整，精度要求不高时，可采用直观预测方法；在掌握的资料比较完备，进行比较精确的预测时，可运用一定的数学模型，如计量模型预测法、组合预测法和智能预测法等。

4）建立预则模型

预测模型是对预测对象发展规律的近似模拟。当搜集到足够的可以建立模型的事故资料和数据，并加以处理后，就可以利用选定的预测技术，确定或建立航空装备事故预测模型。如用灰色预测法，就要确定模型的参数；如用马尔柯夫链预测法，就要进行合理的状态划分；如用神经网络预测法，要选择恰当的网络结构等。

由于航空维修事故预测模型是在对事故历史资料的分析处理后得出的，它反映的是过去维修事故发展变化的规律。因此，还要根据搜集到的有关未来情况的资料，对得到的事故预测模型加以分析和研究，评价其是否能够应用于对未来事故发展趋势的预测。如果认为事故未来的趋势遵循预测模型所反映的规律性，则可用它进行预测；否则，应舍弃该模型，重新研究确定。

5）分析预侧结果

根据搜集到的事故预测期间的有关资料，并利用经过评价所确定的预测模型，就可计算或推测出航空维修事故发展的未来趋势结果。

预测毕竟是对未来事件的设想和推测，资料不全面、预测方法不成熟、预测人员经验不足以及认识上的局限性等，都会降低预测结果的准确性，使事故预测结果与实际产生误差。因此，每次事故预测之后，都应根据常识和经验，去检查、判断预测结果是否合理，与实际可能结果是否存在较大偏差，以及未来条件变化对实际结果的影响等，并据此对事故预测结果加以修正，使之更接近于实际。

5.3.3 风险分析技术

综观国内外，目前风险分析方法有几十种，其中 IEC 推荐的方法约 30 多种，包括故障模式及影响分析(FMEA)、事件树(ETA)、人因可靠性(HRA)等方法。这些方法经过多年的发展，目前正在向定性与定量结合、注重动态系统描述能力、注重人因可靠性分析、计算机仿真等方向发展。尽管风险分析技术多种多样，但对于维修安全系统来说，我们认为适用的风险分析技术主要包括以下三类。

1. 定性分析方法

定性分析方法主要包括故障模式影响分析(FMEA)法、故障树(FTA)法、风险评价指数法(RAC)。

2. 定量风险分析方法

定量分析方法主要包括定量概率风险分析方法、事件树法、马尔柯夫法、事件序列图法、动态逻辑分析方法、模拟仿真方法等。另外，针对现有定量风险分析方法存在的难以描述动态系统的缺点，提出了动态事件树法、GO-FLOW法、包括动态门的事件序列图方法、隐含状态转移方法，如连续事件树法、动态逻辑分析法(Dynamic Logic Analytical Methodology, DYLAM)等。

3. 综合集成方法

综合集成方法主要包括风险评审技术(VERT)方法。VERT 方法的优点是对整个项目可分阶段、分部件来描述，逻辑功能强，适用于利用计算机仿真模拟，得到的结果主要以概率分布形式表示。它主要以时间、成本费用、性能指标来衡量风险。国际上尤其是美国，不少型号航天飞机应用该方法，我国在飞机、舰炮武器、飞船方案论证上也有应用。但是在维修安全性分析上，国内尚未有实际的应用。

5.4 事故应急救援理论与技术

随着科学技术的飞速发展，飞机的可靠性、安全性、飞行员的训练水平和飞行保障技术水平都得到了空前的提高，但飞行事故难以从根本上完全避免。因此建立和健全应急救援机制是有效应对各种灾害、事故、突发事件的重要举措，是安全飞行、化险为夷、减轻灾害损失的必要条件，是事故预防及减少灾害损失的重要举措。应急救援体系一般应由应急救援系统、应急救援计划、应急救援设备与资源、应急救援行动实施四部分组成。

5.4.1 应急救援系统

从功能上，应急救援系统主要包括五个运作中心，即应急指挥中心、事故现场指挥中心、支持保障中心、媒体中心和信息管理中心。系统内的各自的功能职责及构建特点，每个中心都是相对独立的工作机构，但在执行任务时，相互联系、相互协调，呈现系统性的运作状态(图 5-3)。

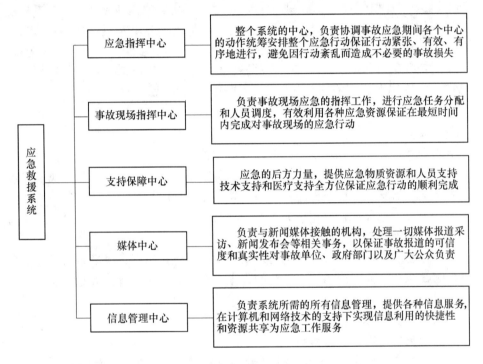

图 5-3　应急救援系统组成

5.4.2 应急救援计划

无应急准备状态下，事故发生后往往造成惨重的生命和财产损失；有应急准备时，利用预先的计划和实际可行的应急对策，充分利用一切可能的力量，在事故发生后迅速控制其发展，保护现场人员和附近居民的健康与安全，并将事故对环境和财产造成的损失降至最小程度。

保障安全的对策，除了要具备预防的对策(事前之策)以外，还需要有应急处理的对策(事中之策)。通过对重、特大事故的应急计划，使事故对社会和国家造成的危害最小化。制定应急计划的目的是：将紧急事件局部化，如可能并予以消除；尽量减少紧急事件对人、财产和环境所产生的不利影响，防止事故扩大到附近的其他设施，以减少伤害。

1. 应急救援计划的基本内容

管理部门负责制定事故应急计划，并为与事故预防有关的机构和人员提供应急手册，详细说明危险源(事故隐患)的状况、有关单位的职责、主要控制措施、风险分析报告等。为便于应急处理事故，在应急计划中应包含足够的灵活性，以保证在现场能采取适当的措施和决定。现场应急计划应包括重大事故潜在后果的评估。计划制定的依据为危险评估即事故后果分析，包括以下几方面：

一是对潜在事故的描绘(如容器爆炸、管道破裂、安全阀失灵、火灾等)。二是对泄漏物质数量的预测(有毒、易燃、爆炸)。三是对泄露物质扩散的计算(气体或蒸发液体)。四是有害效应的评估(毒、热辐射、爆炸波)。

对于现场和场外的应急计划的第一步来说，管理部门应系统地确定和评估在其设施或生产系统可能产生什么样的事故，并导致什么样的紧急事件。

一般应急计划应包括以下几方面：应急情况分类、紧急情况报告程序、联系人员和联系方法、现场应急报警程序、各类事故应急程序及措施、现场急救医疗措施、恶劣天气应急程序、其他应急措施和程序等。

与制定应急反应计划相关的因素：一是指挥和控制人员；二是应急服务部门；三是其他可能受到影响的相关方。

为掌握和评价应急反应计划的效果，要定期进行演练、演习和制定其他合适的方法来检查完善应急反应计划的程序，在必要时根据所获得的经验对计划进行修定。

2. 应急救援对策预案

应急救援对策预案的编制内容如下：

(1) 救灾指挥系统，要编写指挥反应、预设反应、在规定范围内的自决策反应以及人机信息系统的启动与运行；结合防灾及应急预案的有关指导系统内容进行救灾指挥。

(2) 重要救灾目标的确定与保护重要目标的措施，如以救人为主，兼顾某些重要设施的重点保护以及防止次生灾害(如防止因火灾引起爆炸)等。

(3) 对实现总体救灾目标的途径、系统分析及救灾方法评估。

(4) 应急救援工作的内部组织管理。

(5) 外援的管理，如任务的指派、条件的支持及与内部救援队伍的协调等。

(6) 避难人员的待避、疏散与安置，包括避难路线、安全出口与待避场地的管理。

(7) 生命线工程(水、电、煤气等)的抢修与修复前的功能代替，如恢复管道用水之前的水车供水；道路段在通车前的人力搬运与车辆绕行的设计等。

(8) 伤病员的紧急医护处理与正规医疗。

(9) 救灾物资的运送、中转、供应与分配。

(10) 社会的秩序维护、交通管理与治安管理。

(11) 破坏物的初步处理。

(12) 卫生防疫。

(13) 救灾工作中非专职人员的行为控制或引导其担任志愿救援任务。

(14) 继发灾害(如地震后的余震、瓦斯爆炸后的冒顶、火灾引发的爆炸等)、次生灾害、衍生灾害的监测、分析、预报与对策方案设计等方面的管理。

(15) 生活与生产向正常化过渡的环境因素评价的管理。

以上预案编制内容要具体、明确、醒目、文图并用，便于各方面负责人协作实施。预案实施方式有演练、行为强化、指导性管理及强制执行(如拆除安全出口通道上的违章建筑物等)。

5.4.3　应急救援设备与资源

应急设备与资源是开展应急救援工作必不可少的条件。为保证应急工作的有效实施，各应急部门都应制定应急救援装备的配备标准。平时做好装备的保管工作，保证装备处于良好的使用状态，一旦发生事故就能立即投入使用。

应急救援装备包括基本装备和专用救援装备，其配备应根据各自承担的应急救援任务和要求选配。选择装备要根据实用性、功能性、耐用性和安全性，以及客观条件配置。

1. 基本装备

基本装备，一般指应急救援工作所需的通信装备、交通工具、照明装置和防护装备等。

1) 通信装备

目前，我国应急救援所用的通信装备一般分为有线和无线两类，在救援工作中，常采用无线和有线两套装置配合使用。移动电话(手机)和固定电话是通信中常用的工具，由于使用方便，拨打迅速，在社会救援中已成为常用的工具。在近距离的通信联系中，也可使用对讲机。另外，传真机的应用缩短了空间的距离，使救援工作所需要的有关资料及时传送到事故现场。

2) 交通工具

良好的交通工具是实施快速救援的可靠保证，在应急救援行动中常用汽车和飞机作为主要的运输工具。在国外，直升飞机和救援专用飞机已成为应急救援中心的常规运输工具，在救援行动中配合使用，提高了救援行动的快速机动能力。目前，我国的救援队伍主要以汽车为交通工具，在远距离的救援行动中，借助民航和铁路运输。

3) 照明装置

重大事故现场情况较为复杂，在实施救援时需要良好的照明。因此，需对救援队伍配备必要的照明工具，有利于救援工作的顺利进行。

照明装置的种类较多，在配备照明工具时除了应考虑照明的亮度外，还应根据事故现场的特点，注意其安全性能。工程救援所用的电筒应选择防爆型电筒。

4) 防护装备

有效地保护自己，才能取得救援工作的成效。在事故应急救援行动中，对各类救援人员均需配备个人防护装备。个人防护装备可分为防毒面罩和防护服。救援指挥人员、医务人员和其他不进入污染区域的救援人员多配备过滤式防毒面具。对于工程、消防和侦检等进入污染区域的救援人员应配备密闭型防毒面罩。目前，常用正压式空气呼吸器。防护服应能防酸碱。

2. 专用装备

专用装备，主要指各专业救援队伍所用的专用工具(物品)。

各专业救援队在救援装备的配备上，除了本着实用、耐用和安全的原则外，还应及时总结经验自己动手研制一些简易可行的救援工具。特别在工程救援方面，一些简易可行的救援工具，往往会产生意想不到的较好效果。

医疗急救器械和急救药品的选配应根据需要，有针对性地加以配置。急救药品，特别是特殊、解毒药品的配备，应根据化学毒物的种类备好一定的数量。为便于紧急调用，需编制事故医疗急救器械和急救药品配备标准，以便按标准合理配置。在现场紧急情况下需要使用大量的应急设备与资源，如果没有足够的设备与物质保障，例如，消防设备、个人防护设备、清扫泄漏物的设备，设备选择不当等，将导致对应急人员或附近的公众造成严重的伤害，即使受过很好训练的应急队员也无法减缓紧急事故。

事故现场必需的常用应急设备与工具有以下几种。

1) 消防设备

输水装置、软管、喷头、自用呼吸器、便携式灭火器等。

2) 危险物质泄漏控制设备

泄漏控制工具、探测设备、封堵设备、解除封堵设备等。

3) 个人防护设备

防护服、手套、靴子、呼吸保护装置等。

128

4) 通信联络设备

对讲机、移动电话、电话、传真机、电报等。

5) 医疗支持设备

救护车、担架、夹板、氧气、急救箱等。

6) 应急电力设备

主要是备用的发电机。

7) 资料

计算机及有关数据库和软件包、参考书、工艺文件、行动计划、材料清单、事故分析和报告及检查表、地图、图纸等。

8) 重型设备

翻卸车、推土机、起重机、叉车、破拆设备等。

3．现场地图和图表

应急信息图表是应急救援的重要工具，在发生事故时，地图能提供出主要的现场特征，将有利于应急者识别潜在的后果。

对于应急预案，地图是必需的。这些地图最好能由计算机快速方便地变换和产生。理想情况是，地图应该是现场计算机辅助系统的一部分。

紧急情况下，所使用的地图不应太复杂，详细程度和水平最好让绘图者和应急者来决定，使用的符号要符合预先规定的或是政府部门的相关标准。

然而，现场经常有变化(例如，新路线的开通和原有路线的更新)，将其变化的数据标到地图上是很重要的。定期的更新将确保地图的信息的质量，确保应急者有最新的地图版本。

现场的地图能够提供应急者和管理者对事故现场的恢复及确认易受影响的工序、设备和公共设施。应急指挥能使用地图来追踪应急人员、应急效果、其他的特定事故的信息。

5.4.4　应急救援行动

应急救援行动是指在紧急情况发生时，即发生火灾、爆炸和有毒物质泄露等重大事故时，为及时营救人员、疏散撤离现场、减缓事故后果和控制灾情而采取的一系列抢救援助行动。

事故发生前应该设计和建立应急系统，制定应急预案，并进行培训、训练和演习，以保证应急行动的有效性；一旦事故发生时，则应及时调动并合理利用应急资源，包括人力资源和物质资源投入行动；在事故现场，针对事故的具体情况选择应急对策和行动方案，从而能及时有效地使伤害和损失降低到最低程度和最小范围。

一旦发生重大事故，启动应急救援行动的一般程序如下。

1．事故发生区

事故现场负责人和安全主管部门应采取以下行动。

1) 掌握情况

不论事故现场何种局面，必须掌握的情况有：事故发生时间与地点，种类与强度，已泄漏物质数量，已知的危害方向，事故现场伤亡情况，现场人员是否已安全撤离，是否还在进行抢险活动，有无火灾与爆炸伴随。这种伴随的可能性，现场的风向、风速、泄漏(释放)危及现场外的可能性。

2) 报告与通报

在基本掌握事故情况，并判明或已经发现事故危及现场外时，应立即向各有关部门进行如下报告：一是报告负责附近应急工作的市或区的应急指挥中心，二是上报本系统直接领导部门，三是根据事故的严重程度及情况的紧急程度，按预案规定的应急级别发出警报。

3) 组织抢救与抢险

制止危害扩散的最有效措施是迅速消除事故源，制止事故扩展。同时，事故发生单位最熟悉事故设施和设备的性能，懂得抢险方法，必须组织尽早抢救与抢险。事故发生单位要迅速集中抢险力量，组织未受伤的岗位职工，投入先期抢险，这包括：一是抢救受伤害人员和在危险区的人员，组织本单位医务力量抢救伤员，并将伤员迅速转移至安全地点；二是堵漏、闭阀、停止设备运转、灭火、隔离危险区等；三是清点撤出现场的人员数量，必要时，组织本单位人员撤离危害区；四是组织力量消除堵塞，为前来应急救援的队伍创造条件。

2．事故发生区的附近地区

首先受到危害的应该是事故发生区下风方向贴近事故区的地方。如果事故发生区与居民区呈交织状态，情况就会十分复杂。如果事故泄漏(释放)物质一般为有色有味，判断有毒有害气体的到达是有可能的。一旦发现已经受到危害，或听到事故发生区的警报后，各有关部门应采取以下应急行动。

(1) 立即向上级报告。

(2) 根据指令或情况危急程度，封锁通往事故发生区的交通路口。

(3) 迅速疏导车辆与行人撤离，决定封锁的通道。

(4) 维持封锁区内的治安。

(5) 注意自身防护。

3．应急指挥中心(部)

1) 值班员的行动

一是记录事故发生区报告的基本情况。二是按预案规定，通知指挥部所有人员到达集中地点，并规定到达时限。三是报告上级值班室。四是与参与应急救援工作的当地警方取得联系，并向他们通报情况。五是根据情况的危急程度，或按预案规定通知各应急救援组织做好出动准备。

2) 指挥组的行动

一是根据事故发生区报告的情况，指示安全技术人员进行危害估算。二是会同专家咨询组判断情况，研究应急行动方案，并向总指挥提出建议。三是按总指挥的指令调动并指挥各应急救援组投入行动。四是开设现场指挥机构。五是向警方通报应急救援行动方案，并提出要求支援的具体事宜。

3) 其他有关组织的行动

一是专家咨询组进行技术判断及力量使用估计，会同指挥组向总指挥提供建议的内容。二是安全评价(扩散估算)组根据事故发生区报告的基本情况和已知的气象参数，进行事故后果评价，扩散趋势预测，向指挥组做出技术报告。三是气象保障组收集天气资料，若有可能可在现场开设气象观测哨。四是各保障组做好后援准备。五是各应急救援专业组织按指挥组指令投入行动。

第6章 航空维修安全管理

航空维修安全管理，是航空维修管理的重要内容，在装备的全系统全寿命管理中有着重要的地位和作用。加强航空维修安全管理，对于提高航空维修安全水平，顺利遂行作战训练任务具有重要意义。本章主要论述建立航空维修安全管理体系、建设航空维修安全管理队伍和健全航空维修安全预警防范处置机制，为实施规范、科学的安全管理提供理论指导。

6.1 建立航空维修安全管理体系

航空维修安全管理体系主要是由组织体系、法规制度体系和运行机制等构成。航空维修安全管理组织体系规定的是安全管理系统的组织结构，表现的是安全管理系统静态的结构构成，具有基础性和稳定性特征。而运行机制是管理系统内部可运动组合实现系统功能的变换和流通过程，是管理活动运行方式及其相互关系的内在规律表现，反映的是管理系统动态工作程序或模式，具有系统性、层次性和动态性特征。航空维修安全管理运行机制由安全管理法规体系来规范。现代航空维修安全管理体制，不仅要有合理的组织体系，还必须通过法规制度建立一套良好的运行机制，才能保证整个体制健康、有序、高效地运转。

6.1.1 安全管理组织体系

航空维修安全管理的组织体系，是由安全管理组织机构及其相互关系构成的组织领导系统，是对安全管理进行决策和发挥职能作用的核心系统。建立完善的航空维修安全管理组织体系，是开展安全管理活动基础和基本的组织保证。

航空维修安全工作有其自身规律和特点，必须建立相对独立的组织体系，才能对航空维修安全工作实施有效的管理。现代企业、民航和外军的安全管理实践充分证明了这一做法的有效性和科学性。我国民航安全生产管理，实行部门一把手负责制，并按照行政管理关系建立中国民航安全委员会，安全委员会由民航总局、地区管理局、省市区管理局、航空公司、机场公司、航务管理中心等单位的主管安全的领导和安全机构的有关负责人组成。并形成民航总局、地区管理局、航空企业三级安全监察管理机构，对民航各运输生产部门执行安全法规的情况进行监督和检查，并对违反安全生产法规的行为、危及生产安全的人员和设备具有使用暂停权。我国民航安全管理机构如图6-1所示。

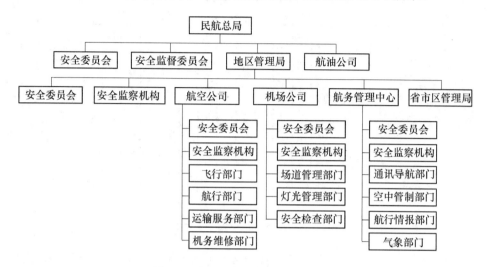

图 6-1　我国民航安全管理组织体系

1947年美国空军成立之初就组建了飞行安全局，主要负责美国空军的飞行安全记录和重大飞行事故的调查。1949年改名为飞行安全研究局，工作重点从处理飞行事故转变为飞行事故预防。从20世纪70年代开始，美国空军不断完善飞行安全管理机构，在空军参谋部下设空军检查与安全中心(1991年后改名为空军检查中心和空军安全中心)，由空军监察长领导，负责空军的安全检查和其他安全工作，其组织机构设置如图6-2所示。空军安全中心下设航空安全处、地面安全处、导弹/弹药及核武器安全处、计算机/局部网作战处、政策/计划及规划处、教育与新闻处、军法参谋处、资源管理/人力与职业规划处、发行处等9个处，编制人员共计124人。在司令部一级和独立作战单位设有安全处，飞行联队设有安全办公室，编制有安全主任、飞行安全军官、安全监督员、武器安全军官和系统安全军官等。

从我国民航和美国空军的安全管理组织体系看，主要有三个特点：一是纵向结构上下贯通，有一级管理部门，就设有一级安全管理机构；二是横向结构职能覆盖，既对飞行安全进行管理，也对装备系统安全进行管理；三是突出安全监察职能，立法、执法和监督相对分离，形成独立的安全监察体系。实践证明，我国民航和美国空军的安全管理组织体系设置，体现了安全第一的原则和航空维修安全的客观规律，昭示了航空维修安全管理的发展方向。

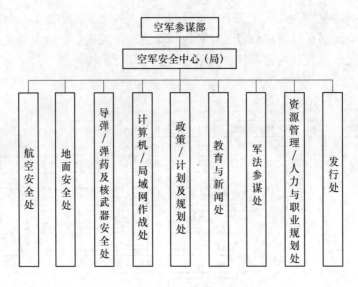

图 6-2　美国空军参谋部安全管理组织机构

　　我国空军航空维修安全管理应该借鉴民航和外军的先进经验，结合我军实际，建立和完善空军首长直接领导下的集中统管的、相对独立的安全管理与监察组织体系，做到上下组织贯通，体现层次管理。原则上有一级航空装备管理部门就应该设置相对独立的安全管理机构，高层主要突出决策功能，中层主要突出控制功能，基层部队主要突出执行职能；横向职能覆盖，体现全面管理。将飞行安全、地面维修安全、装备系统安全有机结合，统筹管理。并重点突出装备安全监察职能，建立独立的安全监察体系。

6.1.2　安全管理法规制度体系

　　航空维修安全管理的法规制度是用以规范安全管理系统各种关系和活动的军事规章和法规性文件的统称。它是航空维修管理工作法规体系的重要分支和组成部分，是实施维修安全管理的基本依据，也是构成完善的航空维修安全管理体制，形成顺畅运行机制的重要构件和保证。

　　航空维修安全管理法规制度属于军事法规，具有军事法规的共同属性，主要是合法性、军事性、权威性、规范性和稳定性。由于航空维修安全管理贯穿于装备的全系统全寿命过程，融于维修管理工作的各个层次和环节，涉及组织指挥、装备、后勤、训练等各个方面，既有规范安全管理活动的法规制度，又有规范安全技术活动的标准规程，是一项复杂的系统工程。因此，航空维修安全管理的法规制度还具有系统性、层次性等特点。我国民航和美军都建立了比较系统的安全管理法规制度体系。如美国空军就制定了各种安全条例40余部，就连防止飞机与飞鸟相撞都有相关条例。

1．纵向构成

航空维修安全法规体系的纵向构成，是指按照法规调整范围和法律效力不同而有序构成的等级层次结构。航空维修安全法规体系的纵向构成，分为基本法规、主要管理规章和技术规章、具体工作制度和规定三个层次。

第一层次为航空维修安全工作的基本法规，即《空军航空机务工作条例》。它在空军军事法规体系中，属于军事规章，由空军颁发。《空军航空机务工作条例》是空军航空维修安全工作的顶层法规，是制定航空维修安全系统下位法的依据。

第二层次为空军航空维修安全工作的主要管理规章。它属于法规性文件，是《空军航空机务工作条例》在航空维修安全管理活动和技术活动方面的细化和延伸。其中规范管理活动的管理规章，主要有各种细则、规定；规范技术活动的技术规章，主要有飞机维护规程、修理技术标准，它们是各型飞机各个专业的技术性规定。管理规章和技术规章由空军装备部颁发或空军两个以上大部联合颁发。

第三层次为空军航空维修安全的具体管理制度。它也属于法规性文件，是第二层次管理规章在某个方面或对某项内容的补充或细化，主要包括飞机维修安全规定，维修作业场所、器材保管场所安全管理制度等，如《飞机维护规程》、重大危险性工作的操作卡片、装备维修质量检验制度等。

2．横向构成

航空维修安全法规体系的横向构成，是指按照法规调整对象和内容的不同，对其进行横向区分而形成的门类结构。按调整对象的范围和内容不同，航空维修安全法规体系的横向构成在总体上可以区分为管理和技术两大系列。

1）管理系列法规

管理系列法规是规范航空维修安全管理工作的法规。管理系列的法规种类比较多。按航空维修部门管理职能划分，有飞机使用维护与飞行机务保障、定期检修、部队修理、战备与作战航空机务保障、航空发动机、保障装备与保障设施、质量与安全、信息与统计、教育训练、航空机务科研与技术革新以及航空维修部门机关工作等11种。分述如下：

(1) 飞机使用维护与飞行机务保障方面的法规，是对飞机使用、维护的基本规定和对飞行机务保障的组织计划、控制、监督检查等方面的规范。

(2) 定期检修方面的法规，是对组织实施航空装备定期检修的任务分工、工作计划、检修责任制、组织实施程序、检修基本要求、质量检验以及作业现场秩序、飞机进出厂交接和工作讲评等方面的规范。

(3) 航空装备部队修理方面的法规，是对部队修理工作的基本任务、分工与计划、组织实施程序、质量工作、计量工作等方面的规范。

(4) 战备与作战航空机务保障方面的法规，是对航空机务工作的战备制度、战备教育、战备演练、飞机战斗值班的规定和作战航空机务保障的组织指挥、战斗飞行机务保障、保障防卫、飞机抢修与抢救等方面的规范。

(5) 航空发动机管理方面的法规，是对航空发动机使用过程中进行管理的规范。

(6) 航空机务保障装备与保障设施方面的法规，是对各级装备机关的航空机务部门和师级以下部队管理航空机务保障装备的规范，以及部队维修机构对航空机务保障设施使用管理的规范。

(7) 质量与安全方面的法规，是对航空装备使用、维修和航空机务工作的质量保证与安全保证所作的规范。质量保证的规范有：航空装备使用维修质量控制的规定、保证维修作业质量的规定、质量检验和质量问题的处理程序等；安全保证的规范有：安全工作方针、安全责任制、安全预想、安全教育、安全形势分析、安全整顿、安全竞赛及奖惩、安全监督、安全问题的检查与查处、安全作业的基本规定，以及高压容器和易燃、易爆、有毒害(放射性)物品的管理等。

(8) 信息与统计方面的法规，是对航空维修安全信息与统计工作的任务、要求、分工、内容以及分析、预测，统计报表的制作、上报、保存、销毁和航空维修质量控制机构业务工作制度的规范。

(9) 教育训练方面的法规，是对航空维修安全教育训练的体系、教育训练的要求、教育训练的领导，在职教育训练的计划、组织、时间、内容、方法、业务考试，飞行团机务训练中心的使用、管理以及上岗训练、晋职训练、换装训练、在职学历教育的规范；对飞行人员航空装备使用教育的责任分工、时间、内容、方法、要求、教案、教员的规范；对装备技术兵训练基地教育训练工作的规范。

(10) 航空维修科研与技术革新方面的法规，是对航空维修科研与技术革新的任务、要求和航空机务部门对科研与技术革新的组织管理的规范。

(11) 航空维修部门机关工作方面的法规，是对空军、军区空军装备机关的航空机务部门及所属处、室的专业职责、平时工作、战时工作，以及师级单位的装备机关在航空机务工作方面的职责、平时工作、战时工作等方面的规范。

2) 技术系列法规

技术系列法规是规范航空维修技术工作的法规。技术系列的法规通常按照机型划分，各机型又分别按照飞机和发动机、航空军械、航空特种设备、航空电子设备、航空修理等维修专业进行横向分类做出技术性规范。这种技术性的规范是对飞机及其系统、设备、机件的维修内容、维修周期以及在飞行机务保障、机械日工作、周期性工作、定期检修和排除故障、损伤修理中进行技术操作的标准、程序和要求所作的规范。

6.1.3 安全管理运行机制

航空维修安全管理的运行机制，是安全管理系统在趋向目标的过程中，各组成部分和各要素之间的相互联系、相互作用的方式和运行规则。具体讲，它就是在实现安全管理目标的过程中，各个层次的管理组织之间、组织与个人之间、人与人之间、人与装备之间，以及人、装备、环境之间相互联系、相互作用、协调发展的方式、规则和程序。航空维修安全管理运行机制主要有调控机制、评价机制、监督机制、激励机制、约束机制等。

1．调控机制

航空维修安全管理的调控机制，是针对航空维修安全管理系统在运行的过程中，由于内部、外部因素的变化和综合作用产生的各种偏差，适时进行调节和控制的功能活动，以保证系统按照既定目标稳定有序运行，调控机制包括调节机制和控制机制。调节机制是在航空维修安全管理系统运行过程中，对系统内部和外部的各组成部分、要素和环节之间出现的不协调现象和问题进行调整、化解。如航空维修出现了重大质量问题，影响飞行安全，由于装备质量的改进涉及航空机务系统、航空工厂管理系统、地方航空工业系统等多个系统，航空维修安全管理就要协调各个系统的行动，明确任务和标准，按期完成装备的质量改进。

在调节的过程中，可根据具体情况灵活采用计划调节、随机调节、领导调节和协商调解等方式，及时排除干扰，化解矛盾。对已经明确和拉条挂账的问题，可采用计划方式调节；对涉及内部较多单位的问题，可采用领导与计划相结合的方式调节；对既涉及内部又涉及外部单位的问题，可采用领导与协商相结合的方式调节。控制机制就是在航空维修安全管理系统运行过程中，通过及时掌握反馈信息，与管理目标进行比较，确定偏差，分析原因，灵活运用预先控制、监督控制和反馈控制等方式，及时纠正偏差，保证系统趋向目标正确运行。信息是调控的依据和前提，建立航空维修安全管理信息系统，是调控机制顺畅运行的基础。

2．评价机制

航空维修安全管理的评价机制，是对安全管理成效、工作业绩、质量效益等方面进行考核、检验的机制。如在装备寿命周期各个阶段，开展的安全预评价、安全验收评价、安全现状评价和安全专项评价等，包括对维修安全管理的组织、个人的工作成效和业绩进行的评价。良好的评价机制能避免个人说了算的不客观因素，达到公正、公平和客观正确的评价效果。正确评价也是管理决策的基础。

运用评价机制的核心是建立评价目标、指标体系和标准。如为了改善航空维修安全管理状况，提高管理水平，可依据安全条例、装备管理条例、航空机务工作条例等法规，制定航空维修安全管理评价标准，对有关单位和基层部队的安全管理状况进行定期或不定期的评价。航空维修安全管理评价的指标体系一般包括领导与管理、管理条件、管理实施和管理效果。

例如，由领导重视、管理模式、制度建设、组织管理、安全意识、安全文化知识等指标构成的领导与管理评价指标体系，由基础管理、日常管理、安全教育、安全宣传活动、风险管理、安全整治、事故预防与管理、维修设备管理等指标构成的管理实施评价指标体系，由严重飞行事故率、一般飞行事故率、飞行事故征候和地面事故率、人为差错率、误飞千次率等指标构成的管理效果评价指标体系。航空维修安全管理评价指标体系及标准的建立，应当依据有关法规，根据管理的任务、目标和管理对象的实际情况设计，进行体系化建设，使其具有全面性、针对性、规范性和可操作性。

3. 监督机制

航空维修安全管理的监督机制是对管理系统的运行过程和组织与个人行为进行监察、督促和指导的机制。运用监督机制，可以避免管理的"暗箱操作"、"灰色交易"，增强人、财、物等资源分配与运用的合理性，创造良好的管理运行环境，提高安全管理的有效性。从图 6-1 和图 6-2 可以看出，我国民航和美国空军管理机构都设有独立安全监察部门，对航空维修系统的运行实施监督和指导，在保证航空安全方面起到重要作用。航空维修安全管理系统的运行具有军事和经济双重效益，必须对系统运行和组织与个人行为进行严格的检查监督。采用全过程跟踪监督与重点定点监督相结合、专职监督与群众性监督相结合的方式，提高监督效能。

4. 激励机制

航空维修安全管理的激励机制是通过激励手段和方法，激发单位或个人保证航空维修安全的自觉性、积极性和创造性的机制。运用激励机制，通过对航空维修安全管理组织机构和个人利益需求的正确引导，可以对航空维修安全系统有效运行产生强大的驱动力。激励机制包括精神激励和物质激励两种方式，在实践中应当把两者正确结合起来。实践证明，航空维修系统建立的"优质安全机务大队"、"优质中队"、"优质机组"、"优质飞机"评比和"双十佳"、"安全标兵"等先进个人评选，以及发现飞机重大故障、飞行特情处置得当立功受奖和物质奖励等激励制度，在保证飞行安全方面发挥了积极作用。

5．约束机制

航空维修安全管理的约束机制是通过适当的行政和技术管理手段，限制或制止影响管理系统有序运行的负面因素和消极行为。航空维修技术的复杂性和使用环境的特殊性，使人的因素和管理因素导致的维修事故占有很大比例。在航空维修安全管理中必须加强约束机制的运用，将航空维修人员的行为限制在法规允许的范围之内，尽量避免因管理决策失误和组织计划不周导致的事故隐患。一是要加强教育，培养航空维修人员具有高尚的思想品德和优良的作风，提高自我约束能力；二是要用条令条例和规章制度进行强制性约束；三是通过专业训练和实践锻炼，培养正确的技术操作行为和良好的工作习惯。

6.2　建设航空维修安全管理队伍

安全发展理念的培养、形成和发展，安全发展活动的实施，都离不开人的因素。航空维修安全管理人员的安全素质是航空维修安全系统的核心要素。在安全活动中，由于人的主导作用和本质属性，必须注重研究维修管理人员的安全素质与能力培养。

6.2.1　提高航空维修安全管理人员的安全素质

安全意识、法制观念是安全素质的基础；安全技能知识、文化知识结构是安全素质的重要条件；心理应变、承受适应能力和道德、行为规范约束力是安全素质的核心内容。

1．安全意识

思想指导行动，思想是一切行为的指南。首先具备强烈的安全意识才能完成好所从事的安全管理工作，不仅为自己的行为负责，还甘愿为社会、为他人负责。维修安全管理人员的安全意识决定了维修安全管理人员的责任心，决定了对待安全的认识程度和对国家军队生命财产的负责态度。维修安全管理人员从思想上认识了维修安全管理的独特性，就能自觉把工作和安全联系在一起。稳定的思想、高度的责任心对保持维修安全管理的连续性、长期性具有非常重要的现实意义。消极的思想就可能在安全工作中的某个环节存在侥幸心理，抱有"成事在天"的幻想，容易滋生骄傲自满情绪，产生麻痹大意、盲目乐观、自以为是的思想。这主要表现在以下三方面。

1) 工作中的随意性

少数维修安全管理人员安全观念淡薄，安全意识不强，粗心大意，主要精力没有集中在维修管理工作上，而是去做与维修管理指挥和维修管理协调无关的事，使本来可以正常运行的活动发展成严重的安全隐患。

2) 工作中缺乏主动性

少数维修管理人员的敬业精神不够，服务意识淡薄，工作责任心不强，在维修管理指挥和维修管理协调时怕麻烦，往往因为工作中缺乏主动性而违章操作，造成严重后果。

3) 学习缺乏自觉性

少数维修管理人员走上工作岗位后，不能自觉地学习安全业务知识，总结维修管理领域的特点，吸取其他人的经验和教训，提高自己的业务水平和处置特殊或复杂情况的技能，而是满足于课本上的知识或见习时接触到的知识。结果几年后对本专业的前沿知识不了解不说，连以前的知识和本装备管理前沿的业务特点和方法都不熟悉、不清楚了。工作中顾此失彼，遇到特殊情况或复杂情况就目瞪口呆。

2. 法制观念和道德行为规范

维修管理规章制度是长期管理经验的总结，是安全的有力保障。近年来各装备管理部门都加快了规范化建设，不断完善规章制度，修订业务手册，业务建设有了长足的进步，但是有了好的规章制度，只有在装备管理实践中真正落实了，才能发挥应有的作用。规章制度是对维修管理人员行为的约束，只有维修管理人员具有强烈的法制观念，才能做到令行禁止，规章制度才能真正落到实处。

加大管理力度，严格维修管理纪律，提高法制观念是建设令行禁止的维修管理人员队伍，保证维修安全的重要保障。

维修管理人员在加大管理力度时，要尽量避免强迫命令。人的行为是由动机驱使的，而人的动机则来源于人的各种需求。对自尊、发展等高层次需求的满足，是人的主动性、创造性和积极性的持久源泉。以严格的奖罚和经济手段进行督促检查是必要的，但又是不全面的，如运用不当将会挫伤人的自尊心和积极性。现代管理理论认为，工作质量与工作人员的情绪、自身价值的改进、自尊程度的提高有关。人能在一个气氛融洽、充满感情的环境中工作，他们就会感到自己的工作是有价值并受到充分尊重的，从而赢得工作的高效率和高质量。实践证明，使人员全面提高工作能力的一个有效手段是能够在管理中充分了解他们的想法，不断地让他们参与本单位的管理，鼓励他们为解决问题出谋划策。因此，在管理观念和方法上增加对人内在需求的关注，了解每个人的个性、特点，推进管理是非常重要的。

为保证规章制度的落实，管理层应根据实际情况制定相应的检查制度，防止规章制度流于形式，同时应制定严格的奖惩制度，重奖重罚，用一切必要的手段保证规章制度的落实，做到令行禁止。

维修管理既有层次分工，也有系统分工，还有专业分工，不同的管理主体具有不同的管理权限，担负不同的管理任务，承担不同的管理责任，享有不同的管理效益，必须做到责权对应，赏罚严明。

责权对应，要求管理岗位与管理任务相对应，根据管理主体、管理对象、管理环境的不同，实事求是地确定管理岗位，明确管理责任和管理权力，使得处于一定管理岗位的各级领导和机关人员、专业技术人员、具体使用操作人员等，都能各司其职，各负其责，按照决策咨询、组织计划、技术指导、使用操作、管理保障等分工，分别履行管理职责。

赏罚严明，要求严格按照管理绩效实施奖惩，将管理责任与利益紧密联系起来，坚持奖励、惩罚手段并用，既要大张旗鼓地表彰先进，又要严厉惩处各种造成装备损失的行为。赏罚严明，可以促使维修管理主体在其位谋其政，避免管理责任流于形式，防止滥用管理权力。

维修管理人员要严格按照有关标准，合理规范和约束管理活动。维修管理条例和各种规章制度，是建立在维修管理客观规律基础之上的主观指导规律，是管理科学的集中体现，也是长期维修管理工作经验的科学总结和维修管理智慧的结晶，因此，装备维修必须以各种维修管理规范为准绳，不折不扣地严格贯彻执行。

3. 文化知识结构

维修管理最需要的人才是既懂得技术又会管理的全面人才。这是由维修管理的工作特点所决定的，因为维修管理中有大量工作是技术管理工作，因此，维修管理最需要的人才是懂得维修管理工作特点和规律，掌握一定的专业技术知识和管理知识，具备相应的管理才能，能够胜任维修管理的计划、组织和控制等技术管理的人才。随着现代装备管理的发展，维修系统内部和外部的分工和联系更加复杂，工程管理在维修过程中的作用越来越大，它需要从航空器及其技术装备的现有状况和未来发展，对维修质量和维修效率、航空器的运行安全、维修保障能力和经济效益等方面进行综合的、系统的考虑，予以定性的、定量的科学分析。选用最优化的维修对策，有效地调节维修过程中人员、部门的关系，合理地使用人力、物力和财力，对维修过程中的各个环节进行预测、计划、组织和控制，以期获得最佳的维修效果。

为了适应维修管理现代化的需要，维修管理人员必须具备多方面的良好素质，包括政治思想素质、科学知识素质、组织管理能力、个人心理素质、身体素质。

维修管理的人才需要有比较广泛的自然科学知识，并了解一些人文科学和社会科学知识，有较高的文化程度；需要具有专业知识和管理知识，并能将专业知识和管理知识有效地结合起来。

维修管理的人才应能系统地掌握其所从事的维修专业的专业基础理论。维修管理的专业理论应由两方面的理论组成：一是航空器及其装备的专业技术理论。例如，机械学、结构力学、发动机气动热力学、电子学、电工原理等。由于航空科学技术的发展，维修管理特别需要既掌握机械又掌握电子、电气的机电合一的专业知识。二是维修工作的基础理论。例如，可靠性理论、维修性理论、故障理论、失效理论、故障诊断理论以及现代维修理论和技术。现代维修工程是一门新兴的工程技术学科，是维修管理科学技术的前沿，在我国处于发展阶段，尚未形成完整的维修工程教学和研究体系。广大维修人员在维修理论方面的知识与他们所掌握的维修技能相比较显得相当贫乏，系统掌握可靠性理论的维修工程技术人员很缺乏，能运用可靠性理论来研究和解决实际问题的人才就更不够用。

随着新装备的发展，我们的装备维修管理人员应沿着以下几个方面发展。

1) 拓宽知识面，做到一专多能

传统的航空维修专业划分为"机、军、特、无"，专业之间的界限非常明显，互相之间很少交叉。三代机装备部队后，增加了火控和飞控专业，而且各专业之间交叉较多。这就要求维修管理人员具有宽广的知识面，不仅能够解决本专业的维修问题，还能够解决由于与其他专业交联而产生的维修管理问题。

2) 掌握计算机技术，特别是软件技术

新一代战斗机大量采用了数字电子技术和计算机技术，各专业的设备都采用了总线技术，其地面维护保障设备也都采用了计算机技术。如苏—27飞机的自动检测车即是。因此，迫切要求维修管理人员掌握计算机技术特别是软件技术，能够对设备故障做到心中有数。

3) 非电类专业的维护人员也要学习电子技术

现代飞机的非电类专业，特别是机械专业，也采用了电控技术，如非航电系统监控处理机等。因此，要求非电类专业的维护人员也要掌握电子技术和电子测试技术。

4) 掌握现代管理知识

维修管理的人才，必须懂得系统论、信息论和控制论等现代管理理论和现代工业工程理论，诸如工程管理、质量管理、工作计划与控制、现场管理、物流管理的原理、原则和方法。要善于运用现代管理知识进行航空装备管理，从理论和实践的结合上推动航空维修管理科学的发展与完善。

从广大装备维修人员的学历背景来看，绝大多数人员接受过专业技术的系统教学，缺乏管理知识系统的培训。对于已经走上各级管理领导岗位的人员，最需要加强的是维修管理的知识。科学的航空维修管理是技术过程与管理过程的统一，具有专业知识和管理知识的复合型人才，是航空维修专业最需要的人才。只有懂得专业知识，才能在维修管理工作中抓住维修技术过程的关键；只有懂得管理知识，才能对复杂的业务技术问题做出可靠的判断和科学的决策，有效地组织装备安全管理工作。

4. 安全技能知识

1) 能够对环境不安全条件进行分析

管理活动是在一定的空间和时间中进行的，空间和时间构成的环境对管理安全有着直接或间接的联系和影响，任何一个事故的发生都与环境或多或少有关。环境可分为社会环境、自然环境和工作环境。社会环境影响着一个人的观念、品德。特别是受当前经济利益驱使，它直接影响一个人的工作态度和思想稳定，目前人们安全文化的缺乏都使各项安全工作在普遍意义上受到制约。在自然环境中，有气候、植被、灾害等方面的影响。从相关事故统计资料中可以看到因自然灾害造成的事故是灾难性的。工作环境是指人们工作活动的周围环境，可细分为内作业环境和外部环境。内作业环境，包括如危险物品与航空装备要求的安全距离是否符合安全要求等。外部环境如配电房等外部设施、设备的影响，以及建筑结构、防雷、防静电、消防等设施是否规范完备，工房(仓库)内是否有温、湿度要求，等等。

事故因果连锁(图 6-3)中，把变化的环境作为事故的基本原因。由于人不能适应环境变化而发生失误，进而导致不安全行为或不安全状态产生。利用该原理有利我们查找航空维修因环境变化造成事故的原因。在航空装备安全管理中

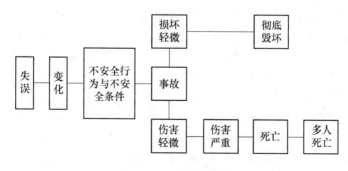

图 6-3　事故因果连锁

"人、机(物)、环境"系统所包含整个过程的不安全致因中，"环境"是一个促成事故发生的重要因素，它包括影响航空维修安全管理的一切不良条件，如工作环境、社会环境、气候环境等，它是一个经常发生变化的因素。管理措施应该随环境的变化而加以改善，这样才能达到预防事故保证安全的目的。

2) 能避免和纠正安全管理中的缺陷

安全管理有组织和监督两种职能。组织职能包括建立健全有关安全机构、安全制度、安全技术标准，宣传有关安全的政策法规，对人员进行安全教育、培训等。监督职能包括严格根据有关制度、标准，检查执行情况等。安全管理的缺陷主要表现为以下几种形式。

(1) 无知。管理者是某一方面的内行，但缺乏安全知识。

(2) 无力。建立了规章制度，但不严格执行。

(3) 放任。管理者明知危险，听之任之，玩忽职守。

(4) 失查。由于以往的经验，未意识到潜在危险。

(5) 漏洞。法律无界定，制度未规定，形成"管理空白"。

(6) 违章。违背客观规律和规章制度，组织指挥失当。

(7) 无为。不求有功，但求无过，缺乏查找安全问题的主动性。

总之，任何人、机(物)、环境的不安全因素被管理者一次、二次或层层的放任、疏忽而通过，再加上其他条件与偶然因素，最后导致事故。加强对"人、机(物)、环境"状况的安全管理，可以有效弥补管理缺陷。

3) 能进行事故与安全分析

认识事故系统因素，使我们对防范事故有了基本的目标和对象。更具有现实意义的系统对象是安全系统，其要素是：人——人的安全素质(心理与生理、安全能力、文化素质)、物——设备与环境的安全可靠性(设计安全性、制造安全性、使用安全性)、能量——工作过程能量的安全作用(能量的有效控制)、信息——充分可靠的安全信息流(管理效能的充分发挥)。这些系统要素是安全的基础保障。认识事故系统要素(图 6-4)，对指导我们从打破事故系统来保障人类的安全具有实际的意义，这种认识带有事后型的色彩，是被动、滞后的，而从安全系统的角度出发，则具有超前和预防的意义。因此，从建设安全系统的角度来认识安全原理更具有理性的意义，更符合科学性原则。

4) 了解和熟悉工作环境中的危险

工作空间中的危险大多发生在操作者所使用的设备或工具上，因此作业情境中的安全分析主要集中在设备本身的危险性方面。另外，危险也可能是设备与环境条件共同作用的结果。某些问题的发生(如压力、有毒物质、热)既可能属于设备的因素，也可能属于环境的因素，具体视作业情境而定。以下是一些常见的危险领域。

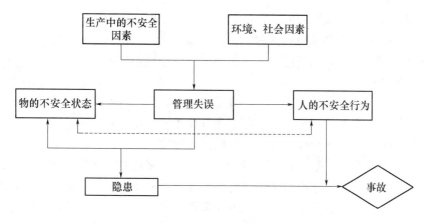

图 6-4　事故系统要素

(1) 电的危险。

触电引起电休克甚至死亡是比较常见的事故，不同机器设备或不同场合下使用的电源在电流、电压和频率等方面可能不相同，因此对人的危害性也是不同的。低至 0～10mA 的电流一般是比较安全的，因为在这种强度的电刺激下，个体能够自我脱离与电的身体接触。但是，如果电流强度达到所谓的"脱离"点，则个体往往丧失了自我脱离的能力，这是非常危险的。对 60Hz 的电流来说，男性的"脱离"电流大约为 9mA，女性大约为 6mA。持续接触超过"脱离"点强度的电流将导致呼吸肌瘫痪，而通常呼吸肌瘫痪超过 3min 将导致死亡。当电流达到 200mA 时，人体很可能会被向外弹出。电流将人体弹开是有利的，这无疑帮助个体脱离电源接触。在这种电流强度下任何超过 1/4s 的接触几乎都会致命。因此，一般认为，10～200mA 的电流是最危险的。

交流电一般比直流电更危险，这是因为前者会引起心脏出现纤维性颤动。此外，20～200Hz 的电流也是最危险的。一个人关闭某个电路进行修理，而另一个人在不知道的情况下又将它打开，这种触电事故在作业情境中经常发生。因此，必须锁闭因修理而被关断的电路，至少应加上警告标记。绝缘材料的老化也是发生触电事故的常见原因。防止触电意外的方法包括：制定电线和绝缘材料的严格标准，接地，将与人接触的机器或工具绝缘，使用橡皮手套和橡皮垫子，使用保险丝、断路器和电流保护器等。

(2) 机械危险。

使用的设备或工具中潜伏着大量的机械危险。同时，航修厂中发生的大多数损伤也都源于机械危险。机器往往包含诸如转动装置和重力锤等危险部件。虽然这些部件大都配备了各种安全措施，但机械危险损伤仍时有发生，如皮肤、肌肉或骨头的断裂或撕裂，甚至死亡。

装备防护装置是减少机械危险的最常用方法。普通的防护装置包括整体围栏、加锁围栏和可移动障碍物等。另外，在必要时也可采用一些智能型的安全装置，如通过光传感器等装置监视操作者的情况，即只要操作者身体的某一部分落入机器操作危险区域，安全装置立即强迫终止机器工作。

但是，使用防护装置有时会影响现场操作者的作业和身体舒适性。因此，一些安全意识淡薄的操作者有时会将防护装置弃置不用，一些有效的防护装置因而起不到应有的作用。有些研究者提出，为了真正发挥作用，对防护装置的设计必须满足下列要求：一是防护装置必须在所有情境下都是安全的，只要在某一条件下不能保证安全，就应该停止使用，假如它的安全功能出现故障，它所保护的机器应立即自动停止运转。二是当设备处于工作状态时，防护装置应禁止操作者进入危险区域。三是防护装置不应对操作者施加不舒适、操作困难或其他任何限制，至少应将这些不利状况降低到可接受的程度。四是防护装置应固定或能自动进入其工作区域。五是必须对防护装置作专项设计。六是不应要求对防护装置作精细的调整和维修。七是不允许关停防护装置而同时不关停防护装置起保护作用的机器。八是防护装置本身不应成为新的危险源。

除此以外，为减少机械危险，还必须做到：①应给所有操作者有关危险、安全保护和应急行为等方面的指导；②每个操作者应知道"停止"或"紧急"按钮的位置；③应定期检查机械设备；④如果确有维修必要，应由授权人员对防护装置做专业修理。

(3) 高压危险。

在许多作业情境中，液体或气体被压缩在特制容器内。当液体或气体扩张时，容器或一些有关的部件可能会发生爆裂，从而引起人员损伤。因此，容器爆裂是与压力有关的最常见问题之一。但是，操作者往往没有意识到这类潜在的危险。引起容器爆裂的最典型因素主要有热源，液(气)体装填过多或海拔高度的变化等。当压缩液(气)体释放时，液(气)体本身、容器的碎片甚至冲击波都能导致损伤。防止高压危险的措施包括使用安全阀门、在开展维修活动前对容器减压、在容器上标注内含物质(或贴上警告标记)以及穿着防护服等。

在物理环境中除照明、噪声、振动、温度和湿度等物理环境条件外，火的危险和辐射危险也是影响事故和安全的重要因素。

(4) 火的危险。

产生火的必要条件有三个，即燃料、氧化剂、点燃源。常见的燃料包括纸制品、布料、橡胶制品、金属、塑料、漆、溶剂、清洁液、杀虫剂以及其他活性化学品，这些材料在正常条件下是可燃的。大气中的氧是最常见的氧化剂，其他氧化剂还包括纯氧、氟和氯等。这些都是非常强的氧化剂，不能与燃料接触。

点燃源的功能是提供一种能量，以便混合在一起的燃料和氧化剂分子能以足够的速度和力量相互碰撞，从而诱发出一连串反应。点燃源的能量形式主要是热，但有时光也能成为一种点燃源。典型的点燃源包括明火、电弧、火花、静电以及热的表面(如烟头、摩擦致热的金属和过热电线)等。

如果材料储存在一个密封的空间内，分解反应所产生的热量不能适当地消散，则经过多次反应所积聚的热量将最终成为点燃源，这就是自燃，它是一种比较常见的火的危险，在自燃时，燃料逐渐地吸收大气中的氧气并通过分解反应产生热量，从而造成破坏。根据环境温度和可利用的氧气状况不同，自燃所需要的时间可存在很大差异，短则几小时，长则数天。在维修作业情境中，已制定了多种处理燃料、氧化剂和点燃源的安全标准来防止自燃。

(5) 社会环境。

人的行为总是在一定的社会背景中产生的，或者说，社会环境对操作者的行为有极其重要的影响，因此仅仅在设备和物理环境层次上控制危险是不够的。

管理、社会规范、道德、训练和激励是社会环境中对事故有重要作用的因素。这些因素会影响工作人员采用安全方法进行工作的可能性。管理部门可以通过实施激励程序鼓励工作人员采用安全行为。与事故有关的信息和反馈也能降低不安全行为的发生率。训练能让工作人员学习与危险有关的知识，知道不安全行为将产生的后果。

5) 了解安全管理程序

安全管理程序是一种通过制定安全工作规章、实施安全检查制度、配备个人安全防护设施以及实施奖惩制度等方法来鼓励安全行为，减少事故隐患和事故危险度的安全保障措施。因此，上至管理人员，下至普通人员，都应参与到安全管理程序之中。广义的安全管理程序一般包括辨别可能影响工作或作业的危险、开发与实施各种安全程序以及测量与评价安全程序的实施效果等三个阶段。

开发与实施安全程序一般包括如下七项内容。

(1) 安全管理。

从一开始，管理人员就应介入安全管理程序。例如，组织和负责每月一次的安全会议，接受来自基层作业人员的安全建议，安排和实施上层领导签发的安全规章或安全措施。

(2) 组织事故或意外事件调查。

训练或组织对事故或意外事件所进行的调查，评价事故报告。

(3) 提出设备、环境和作业的改进建议。

对一些危险度高的事故隐患提出设备、环境和作业方面的改进建议。

(4) 制定安全规章。

建立一般的和特定于某些任务情境的安全规章制度并加以实施。例如，制定计划，每年对安全规章作一次评价，在容易发生事故的场合张贴安全规章，建立不安全行为处罚的制度等。

(5) 建立使用个人防护设备的制度。

制定个人防护设备的使用标准和违反这一标准的处罚政策。为人员正确使用个人防护设备提供必要的训练。

(6) 进行安全培训。

进行危险意识、危险知识和危险规避行为等方面的训练，具体途径有召开常规安全会议，制定包括安全规章和其他安全信息在内的安全手册等。这种训练一般应结合特定作业活动进行。

(7) 促进和鼓励安全行为。

张贴安全布告或备忘录，公布目前安全行为的状况以及事故率和损伤率，对安全行为进行表彰和奖励。

5．心理应变、承受适应能力

维修管理人员要具有对意外事件的心理应变和承受适应能力。要加强特殊情况处置的训练，完善特殊情况处置程序，使广大维修管理人员对特殊情况处置方法了然于胸，在实际维修管理工作中碰到了类似情况也不会惊慌失措，做到防患于未然；同时，还应该加强对维修管理不正常情况的处置培训，训练维修管理人员掌握发生严重事故苗头时的应急处置方案，以采取及时正确的补救措施，避免出现更严重的后果。把心理训练列入维修管理人员的培训内容，培养维修管理人员养成良好的心理素质和较强的心理承受能力。作为一名维修管理人员，除具备过硬的业务技能和反应灵敏的头脑外，任何时候、任何情况下的沉着冷静、处惊不乱都是必不可少的。

6.2.2 提高维修管理人员的安全管理能力

1．评估决策能力

通常情况下,它要求维修管理人员在非常短的时间里果断正确地作出决策,切不可优柔寡断。需要指出的是，决策与评估判断两者密不可分，前者是后者的思维倾向，后者是前者的行为依据。丰富的维修管理经验对每个成熟的维修管理人员而言都是不可缺少的，但是，若完全用以往的事件经验来评估当前形势，又极易误入定势思维的陷阱。正确的做法是：可以借鉴经验，但要区别对待，因为任何两次事故情景绝不可能雷同。

2．情绪控制能力

情绪控制能力应包括两个方面的内容。其一，准确认识和表达自身情绪的能力。其二，有效地调节和管理情绪的能力。

当飞行流量大的时候，有的维修管理人员保持不急不躁，不慌不忙，镇定自若，沉稳冷静的心态，有的维修管理人员心理承受能力弱，惊慌失措，思绪混乱，顾此失彼，心跳加速，额头掌心冒汗，语调失控。当飞行流量小时，情绪控制力较弱的维修管理人员精力又难以集中，出现下降、转移倾向，心不在焉，掉以轻心。

维修管理工作中，情绪控制能力的不良表现还常常体现在以下几个方面：将生活中的不利情绪带到工作当中。对自身的失误调配不能正确认识和对待，过分自责，耿耿于怀。对自身的维修管理能力过于自信，近乎狂妄。无论什么情况，维修管理人员都要保持冷静平和的情绪，激动和消极都直接影响飞行保障工作安全。

3．应变创造能力

维修管理工作中随时可能遇到突发性特殊情况。原有的维修管理预案瞬间内被打乱，压力人。这时，除了调节好自身沉着的情绪外，还得随机应变，重新制定指挥方案，要具体情况具体对待，有变通性、创造性，能在短时间内建立立体思维。一旦维修管理人员缺乏这种能力，要么不知所措，放之任之；要么毫无依据，蛮干或想当然。

4．精力分配能力

处理突发事件或意外问题存在着轻重缓急的差别，一定要突出重点。必须澄清的是，这个重点的依据是事态的紧迫性，这又需要照顾全局，循环转移。

5．预测统筹能力

没有预测，就无法作维修管理预案，思路不清，容易导致局面混乱。统筹能力指的是对即将要处置的或预测到可能要发生的事情合理安排次序，提前制定解决办法，达到节省时间、调配流畅的目的。

6．情景意识能力

情景意识能力即指在维修管理工作中时刻保持高度的警觉性和明察力，清楚维修管理范围所有动态，知道现在形势，将来形势，处置措施。一般情况，疾病、疲劳、烟酒、药物作用都能对人的情景意识产生不利影响，这是正常现象。由于维修管理工作容易产生枯燥乏味的厌倦感，使人易懈怠，作为维修管理人员，如果这种能力较差，则表现在：劳动强度稍大，劳动时间稍长，大脑皮层就失去正常的系统性，预见性变差，理解力降低，对自身的行为控制力减弱，随意性大，反应迟钝，神情恍惚，冲突意识减弱，淡化管理环境，不能准确全面地获得必要的信息，易错易忘易漏，非常危险。

6.2.3　搞好维修管理人员的安全教育

1．安全教育的意义

安全教育是事故预防与控制的重要手段之一。用安全技术手段消除或控制事故是解决安全问题的最佳选择。但在科学技术较为发达的今天，即使人们已经采取了较好的技术措施对事故进行预防和控制，人的行为仍要受到某种程度的制约。相对于用制度和法规对人的制约，安全教育是采用一种和缓的说服、诱导的方式，授人以改造、改善和抑制危险的手段和指明通往安全稳定境界的途径，因而更容易为大多数人所接受，更能从根本上起到消除和控制事故的作用；而且通过接受安全教育，人们会逐渐提高其安全素质，使其在面对新环境、新条件时，具有一定的保证安全的能力和手段。

安全教育是通过各种形式，包括学校的教育、宣传、政策导向等，努力提高人的安全意识和素质，使维修管理人员学会从安全的角度观察和理解要从事的活动和面临的形势，用安全的观点解释和处理自己遇到的新问题。安全教育主要是一种意识的培养，是长时期的甚至贯穿于人的一生的教育，安全教育的成果可以在人的所有行为中体现出来。安全培训虽然也包含有关教育的内容，但其内容相对于安全教育要具体得多，范围要小得多，主要是一种技能的培训。安全培训的主要目的是使人掌握在某种特定的作业或环境下正确并安全地完成其应完成的任务。

安全教育的内容非常广泛，学校教育是最主要的教育途径之一。无论是学历教育过程中还是在职教育，学校都可以通过各种形式对人员进行安全意识的培养。其中包括组织活动、开设有关课程等。

在院校教育中，一般可以采用两种方式进行安全教育：一是培养安全专业人才的专业教育；二是对所有学生的普及教育，包括外设辅修专业或选修、必修课程等。

安全培训，主要是为提高人员安全技术水平和防范事故能力而进行的教育培训工作，也是维修安全管理的主要内容。它与消除事故隐患、创造良好的安全环境相辅相成，二者缺一不可。

2．安全教育的内容

安全教育的内容可概括为三个方面，即安全态度教育、安全知识教育和安全技能教育。

1) 安全态度教育

要想增强人的安全意识，首先应使之对安全有一个正确的态度。安全态度教育包括两个方面，即思想教育和态度教育。

思想教育包括安全意识教育、方针政策教育和法纪教育。

安全意识是人们在长期工作、生活等各项活动中逐渐形成的。由于人们实践活动经验的不同和自身素质的差异，对安全的认识程度不同，安全意识就会出现差别。安全意识的高低将直接影响着安全效果。因此，在工作和社会活动中，要通过实践活动加强对安全问题的认识并使其逐步深化，形成科学的安全观。这就是安全意识教育的主要目的。

安全工作方针政策教育是指对部门的各级领导和广大官兵进行党和军队有关安全工作的方针、政策的宣传教育。党和军队有关安全工作的方针、政策是适应军队工作的需要，结合部队具体情况而制定的，不论是实施安全作业的技术措施，还是组织措施，都是在贯彻安全工作的方针、政策。只有安全工作的方针、政策被所有官兵理解和掌握，并得到贯彻执行，安全工作才有保证。在此项教育中要特别认真开展的是"安全第一，预防为主"这一安全工作方针的教育。只有充分认识、深刻理解其含义，才能在实践中处理好安全与工作的关系，切实把安全工作提高到关系全局及稳定的高度来认识，把安全视作头等大事，从而提高安全生产的责任感与自觉性。

法纪教育的内容包括安全法规、安全规章制度、劳动纪律等。安全工作的法律、法规是方针、政策的具体化和法律化。通过法纪教育，使人们懂得安全法规和安全规章制度是实践经验的总结，同时还要使人们懂得，法律带有强制的性质。如果违章违法，造成了严重的事故后果，就要受到法律的制裁。遵守纪律是对每个官兵最基本的要求，也是提高维修管理水平和工作效率，保证维修安全的主要保证。教育装备管理人员遵守劳动纪律，反对违章指挥、违章工作。监督与协助行政部门落实各级安全工作责任制和预防伤亡事故的各种措施，组织落实人人为安全工作，对于认真执行安全规章制度，确保维修安全具有重大意义。

2) 安全知识教育

安全知识教育包括安全管理知识教育和安全技术知识教育。对于带有潜藏的只凭人的感觉不能直接感知其危险性的危险因素的操作，安全知识教育尤其重要。

(1) 安全管理知识教育。

安全管理知识教育包括对安全管理组织结构、管理体制、基本安全管理方法及安全心理学、安全人机工程学、系统安全工程等方面的知识。通过对这些知识的学习，可使各级领导和人员真正从理论到实践上认清事故是可以预防的；避免发生事故的管理措施和技术措施要符合人的生理和心理特点；安全管理是科学的管理，是科学性与艺术性的高度结合等主要概念。

(2) 安全技术知识教育。

安全技术知识教育的内容主要包括一般工作技术知识、一般安全技术知识和专业安全技术知识教育。

一般工作技术知识教育主要包括：部门的基本工作概况，工作技术过程，作业方式或工艺流程，与工作过程和作业方法相适应的各种机器设备的性能和有关知识，人员在工作中积累的工作操作技能和经验及产品的构造、性能、质量和规格等。

一般安全技术知识是部门所有人员都必须具备的安全技术知识。主要包括：部门内危险设备所在的区域及其安全防护的基本知识和注意事项，有关电气设备(动力及照明)的基本安全知识，重型机械的有关安全知识，有毒有害原材料或可能散发有毒有害物质的安全防护基本知识，部门中一般消防制度和规划，个人防护用品的正确使用以及伤亡事故报告方法等。

专业安全技术知识是指从事某一作业的人员必须具备的安全技术知识。专业安全技术知识比较专门和深入，其中包括安全技术知识，以及根据这些技术知识和经验制定的各种安全操作技术规程等。其内容涉及锅炉、受压容器、起重机械、电气、焊接、防爆、防尘、防毒和噪声控制等。

3) 安全技能教育

仅有了安全技术知识，并不等于能够安全地从事操作，还必须把安全技术知识变成进行安全操作的本领，才能取得预期的安全效果。要实现从"知道"到"会做"的过程，就要借助于安全技能培训。

(1) 安全技能培训。

技能是人为了完成具有一定意义的任务，经过训练而获得的完善化、自动化的行为方式。技能达到一定的熟练程度，具有了高度的自动化和精密的准确性，便称为技巧。技能是个人全部行为的组成部分，是行为自动化了的一部分，是经过练习逐渐形成的。

安全技能培训包括正常作业的安全技能培训、异常情况处理的技能培训。

安全技能培训应按照标准化作业要求来进行。故进行安全技能培训应预先制定作业标准或异常情况时的处理标准，有计划有步骤地进行培训。

安全技能的形成是有阶段性的，不同阶段显示出不同的特征，一般来说，安全技能的形成可以分为三个阶段，即掌握局部动作的阶段、初步掌握完整动作阶段、动作的协调和完善阶段。在技能形成过程中，各个阶段的变化主要表现在行为的结构的改变、行为的速度和品质的提高以及行为的调节能力的增强三个方面。

152

行为结构的改变主要体现在动作技能的形成，表现为许多局部动作联系为完整的动作系统，动作之间的互相干扰以及多余动作的逐渐减少；智力技能的形成表现为智力活动的多个环节逐渐联系成一个整体，概念之间的混淆现象逐渐减少以至消失，内部趋于概括化和简单化，在解决问题时由开展性的推理转化为"简缩推理"。

行为速度和品质的提高主要体现在动作技能的形成，表现为动作速度的加快和动作的准确性、协调性、稳定性、灵活性的提高；智力技能的形成则表现为思维的敏捷性与灵活性、思维的广度与深度、思维的独立性等品质的提高，掌握新知识速度和水平是智力技能的重要标志。

行为调节能力的增加主要体现在一般动作技能形成，表现为视觉控制的减弱与动觉控制的增强，以及动作的紧张性的消失；智力技能则表现为智力活动的熟练化、大脑劳动的消耗减少等。

(2) 安全技能培训计划。

在安全技能培训制定训练计划时，一般要考虑以下几个方面的问题。

一要循序渐进。对于一些较困难、较复杂的技能，可以把它划分成若干简单的局部成分，有步骤地进行练习。在掌握了这些局部成分以后，再过渡到比较复杂的、完整的操作。

二要正确掌握对练习的速度和质量的要求。在开始练习的阶段可以要求慢一些，而对操作的准确性则要严格要求，使之打下一个良好的基础。随着练习的进展，要适当地增加速度，逐步提高效率。

三要正确安排练习时间。一般来说，在开始阶段，每次练习的时间不宜过长，各次练习之间的间隔可以短一些。随着技能的掌握，可以适当地延长各次练习之间的间隔，每次练习的时间也可延长一些。

四要练习方式要多样化。多样化的练习可以提高兴趣，促进练习的积极性，保持高度的注意力。练习方式的多样化还可以培养人们灵活运用知识的技能。当然，方式过多、变化过于频繁也会导致相反的结果，即影响技能的形成。

在安全教育中，第一阶段应该进行安全知识教育，使操作者了解工作操作过程中潜在的危险因素及防范措施等，即解决"知"的问题；第二阶段为安全技能训练，掌握和提高熟练程度，即解决"会"的问题；第三阶段为安全态度教育，使操作者尽可能地实行安全技能。三个阶段相辅相成，缺一不可。只有将这三种教育有机地结合在一起，才能取得较好的安全教育效果。在思想上有了强烈的安全要求，又具备了必要的安全技术知识，掌握了熟练的安全操作技能，才能取得安全的结果，避免事故和伤害的发生。

3. 安全教育的形式和方法

按照教育的对象，可把安全教育分为对管理人员的安全教育和对工作岗位人员的安全教育两大部分。

1) 各级管理人员的安全教育

管理人员安全教育是指对专业队长以上干部、工程技术人员和行政管理干部的安全教育。

维修管理人员，特别是上层管理人员对部门的影响是重大的，他们既是部门的计划者、经营者、控制者，又是决策者。其管理水平的高低，安全意识的强弱，对安全工作方针政策理解的深浅，对安全工作的重视与否，对安全知识掌握的多少，直接决定了部门的安全状态。因此，加强对管理人员的安全教育是十分必要的。要通过法规使对管理人员的安全教育制度化和法律化。

(1) 中、高层维修管理人员的安全教育。本着"管工作必须管安全"的原则，维修管理人员是本单位安全工作的第一责任者，对本单位的安全工作负全面领导责任。维修管理人员的安全教育应实行资格认证制度，只有通过相应安全管理部门培训，获得资格认证，才可对本部门实施劳动安全管理。维修管理人员取得《安全管理资格证书》后，每隔规定时间须进行一次培训考核，考核情况记入证书中。

维修管理人员安全管理知识培训目标是：树立"安全第一，预防为主"的思想，熟悉维修安全工作方针、政策、法规、标准，增强安全意识和法制观念，掌握维修安全基本知识，具有一定的管理本部门安全工作和安全决策的能力。

培训教材应采用由上级维修安全管理部门审定的统编教材。聘请具有授课资格者作为培训教师。

(2) 基层维修人员的安全教育。基层装备维修人员安全教育的培训要求如下。

一是熟悉维修安全工作的方针、政策、法规、制度及不执行上述内容应承担的责任。二是懂得一般安全技术、工业卫生知识，并能针对本单位情况提出改进措施。三是懂得怎样支持专兼职技术安全人员，搞好安全工作。四是明确本岗位安全工作责任。

2) 特种作业人员安全教育

特种作业是指容易发生人员伤亡事故，对操作者本人、他人及周围设施的安全有重大危害的作业。直接从事特种作业的人员为特种作业人员。

特种作业人员在独立上岗作业前，必须进行与本专业相适应的、专门的安全技术理论学习和实际操作训练。特种作业人员的考核与发证工作，由特种作业所在单位负责按规定申报，安全监察部门负责组织实施，安全监察部门对特

154

种作业人员的安全技术考核与发证实施监察。

3) 经常性安全教育

由于部门的工作方法、环境、设备的使用状态及人的心理状态都处于变化之中，因此安全教育不可能一劳永逸。对于人来说，由于其大部分安全技术知识与技能均为短期记忆，必然随时间而衰减，因而必须开展经常性的安全教育，进一步强化人的安全意识与知识技能。经常性安全教育的形式多种多样，班前班后会、安全活动月、安全会议、安全技术交流、安全水平考试、安全知识竞赛、安全演讲等。不论采取哪种形式都应该切实结合部门安全工作情况，有的放矢，以加强教育效果。

在安全教育中，安全思想、安全态度教育最重要。进行安全思想、安全态度教育，要采取多种多样的形式，通过各种安全工作，激发人员搞好安全工作的积极性，使全体人员重视和真正实现安全工作。在部门的安全工作中，一项重要内容就是开展各种安全活动，推动安全工作深入发展。安全活动要在部门广大人员群众中开展，旨在促进安全工作的开展，这些安全活动最重要的作用，就是提高人员的安全意识。

当开展某项安全活动取得了一定安全效果后，无论该项活动多么有效，如果把它作为最好的方法继续使用，就不会继续取得良好的效果。这是因为人们有适应外界刺激的倾向。尽管一项活动开始时对每个人员都有一定刺激作用，但长期继续下去，人们对刺激的敏感性会降低，反应迟钝，直至最后刺激不起作用。当出现这种情况时，就应根据部门的安全状况，有目的地、间断地改变刺激方式，以新的刺激唤起人们对安全的关心。

4)"五新"安全教育

"五新"安全教育是指采用新技术、新工艺、新材料、新产品、新设备，即进行新的管理工作时，由于其未知因素多，变化较大，且根据变化分析的观点，与变化相关联的失误是导致事故的原因，因而"五新"管理使用中极可能潜藏着不为人知的危险性，并且操作者失误的可能性也要比通常进行的作业更大。因此，在作业前，应尽可能应用危险分析、风险评价等方法找出存在的危险，应用人机工程学等方法研究操作者失误的可能性和预防方法，并在试验研究的基础之上制定出安全操作规程，对操作者及有关人员进行专门的教育和培训。这是"五新"安全教育的目的所在，也是维修安全工作者在几十年的工作实践中总结出的防止重大事故的有效方法之一。

5) 安全教育的形式

安全教育应利用各种教育形式和教育手段，以生动活泼的方式，来实现安全管理这一严肃的课题。安全教育形式大体可分为以下七种。

(1) 广告。

广告包括安全广告、标语、宣传画、标志、展览、黑板报等形式，以精炼的语言、醒目的方式，在醒目的地方展示，提醒人们注意安全和怎样才能安全。

(2) 演讲。

演讲包括教学、讲座的讲演，经验介绍，现身说法，演讲比赛等。这种教育形式可以是系统教学，也可以专题论证、讨论，用以丰富官兵的安全知识，提高对安全工作的重视程度。

(3) 会议讨论。

会议讨论包括事故现场分析会、班前班后会、专题研讨会等，以集体讨论的形式，使与会者在参与过程中进行自我教育。

(4) 竞赛。

竞赛包括口头、笔头知识竞赛，安全技能竞赛，以及其他各种安全教育活动评比等。激发学安全、懂安全、会安全的积极性，树立安全第一的思想，丰富安全知识，掌握安全技能。

(5) 声像。

声像主要有安全宣传广播、电影、电视、录像等。采用声像等现代艺术手段，使安全教育寓教于乐。

(6) 文艺演出。

文艺演出是以安全为题材编写和演出的相声、小品、话剧等文艺演出的教育形式。

(7) 学校正规教学。

学校正规教学是利用院校，开办安全工程专业，或穿插渗透于其他专业的安全课程。

4．提高安全教育的效率

在进行安全教育过程中，为提高安全教育效果，应注意以下五个方面。

1) 领导者要重视安全教育

部门安全教育制度的建立，安全教育计划的制定、所需资金的保证及安全教育的责任者均由部门领导者负责。因此，部门领导者对安全教育的重视程度决定了部门安全教育开展的广泛与深入程度，决定了安全教育的效果。

2) 安全教育要注重效果

搞好安全教育，要想取得良好的效果，应注意以下几点。

(1) 教育形式要多样化。安全教育形式要因地制宜，因人而异，灵活多样，采取符合人们认识特点的、感兴趣的、易于接受的方法。

(2) 教育内容要规范化。安全教育的教学大纲、教学计划、教学内容及教材要规范化，使受教育者受到系统、全面的安全教育，避免由于任务紧张等原因在安全教育实施中走过场。

(3) 教育要有针对性。要针对不同年龄、专业、作业时间、工作环境、季节、气候等进行预防性教育，及时掌握现场环境和设备状态及人员思想动态，分析事故苗头，及时有效地处理，避免问题累积扩大。

(4) 充分调动人员积极性。应深入群众，了解人员的所需、所想，并启发人员提出合理化建议，使之感到自己不仅仅是受教育者，同时也在为安全教育的实施和完善做贡献，从而充分调动他们的积极性。

3) 要重视初始印象对学习者的重要性

对学习者来说，初始获得的印象非常重要。如果最初留下的印象是正确的、深刻的，他将会牢牢记住，时刻注意；如果最初的印象是错误的，不重要的，他也将会错误下去，并对自己的错误行为不以为意。例如，在对刚入伍的新人员进行安全教育时，如果使他认为不仅操作规程重要，所有的安全技术措施、安全操作规程也同样重要，他对安全会非常重视；反之，如果教新人员学习操作技术，第一次教授的操作方法不正确，再让他改正就很困难。因此，必须严密组织安全技能培训和安全知识教育工作，为提高操作者安全素质奠定基础。

4) 要注意巩固学习成果

多年的实践表明，进行安全教育，不仅应注重学习效果，更应注重巩固学习所获得的成果，使学习的内容更好地为学习者所掌握，安全教育也是如此。因而，在安全教育工作中，应注意以下三个问题。

(1) 要让学习者了解自己的学习成果。每一个人都愿意知道其所从事的工作收效如何，学习也是如此。因此，将学习者的进展、成果、成绩与不足告知他们，就会增强其信心，明确方向，有的放矢地、稳步地使自己各方面都得到改善。

此外，人在学习过程中有时会出现停滞时期，有些人往往在这时丧失勇气，使学习受到影响。如使其了解学习的成果和进步，同时说明出现这种情况在学习过程中是正常情况，也会起到鼓励人们树立信心、坚持学习的作用。

(2) 实践是巩固学习成果的重要手段。当通过反复实践形成了使用安全操作方法的习惯之后，工作起来就会得心应手，安全意识也会逐步增强。

(3) 以奖励促进巩固学习成果。心理学家通过实验发现，对于学习效果的巩固，给予奖励比不用奖励效果好得多。对某个人员通过学习取得进步的奖励和表扬，不仅能够巩固其本人的学习效果，对其他人也会产生很大影响。

5) 应与部门安全文化建设相结合

安全文化是部门文化的重要组成部分。包含人的安全价值观和安全行为准则两方面内容。前者主要是安全意识、安全知识和安全道德，以及部门的向心力和凝聚力，是安全文化的内层，是最重要、最基本的方面；后者属于物质范畴，主要包括一些可见的规章制度以及物质设施。

部门安全文化主要体现在以下 13 个方面。

(1) 高层次管理人员始终贯彻执行"安全第一、预防为主"的指导方针。

(2) 指导和实施有效的政策和规章，确保实践活动的正确性。

(3) 良好的行为规范、行为监督和信息反馈。

(4) 畅通的上下级关系和高尚和谐的人际关系。

(5) 工作人员普遍重视安全。

(6) 具有良好的纪律和有效的奖惩制度。

(7) 具有明确的授权界限、清晰的接口关系。

(8) 严格的自检、自查制度。

(9) 牢固的科学技术基础。

(10) 严密的安全工作责任制度。

(11) 强有力的资金保证制度。

(12) 良好的人员生存和工作环境。

(13) 科学的资料管理系统。

部门安全文化教育是通过强化人员安全意识，达到提高安全素质的目的。由此可见，安全文化教育是传播和建立组织文化、提高人员安全文化素质的重要途径，是建立良好部门安全文化氛围的重要手段。同时，部门安全文化氛围的建立，为进一步搞好安全教育创造了条件。因此，倡导和建立部门安全文化是部门安全工作的重要举措和科学方法，也是搞好安全教育、保证安全教育取得良好效果的前提。

6.3　健全航空维修安全预警防范处置机制

航空维修安全的预警防范机制，是由预警机制、危险源控制机制、应急处置恢复机制组成的有机整体。这个整体应该覆盖安全发展不同时期、不同领域的安全问题，必须满足事先预测评估、事中实时监控、事后及时反馈和补救的安全要求。健全航空维修安全预警防范机制，对航空装备建设与航空维修安全同步发展具有重要的现实意义。

6.3.1　基于信息系统的预警机制

1. 构建基于信息系统的预警机制的思路

基于信息系统的预警机制就是依靠信息的搜集、传递、存储、显示、分析和处理，及时发现航空维修中的安全隐患问题，并采取有效措施进行防范而建立的基础设施和组织机构的总称。

　　航空维修事故致因分析表明，与事故有关的因素可以划分为人、机、环境和管理四类。事故的发生是人为失误、飞机及相关设备故障或失效、自然环境突变和安全管理缺陷等因素相互作用的结果。建立航空装备安全预警系统，应吸收灾害学、系统安全理论、人素科学的最新成果，借鉴其他领域预警的经验和做法，通过建立相应的预警技术手段和预报、预控组织体系，对航空维修事故诱因进行监测、诊断及预先告警，及时准确地反映安全系统的状态，提前采取措施预防、制止、纠正、规避系统中的风险和事故征兆，从而实现装备使用维修过程始终处于安全、可靠和可控的状态。

　　航空维修安全预警系统管理的对象主要是人，而预警活动中的监控、矫正等环节的作用对象则是诱发事故的故障或航空维修活动的安全状态等。从组织角度来看，航空维修安全预警系统的管理对象是航空维修安全系统或体系，它把维修安全系统中的"优"与"非优"看做是一个相互转化的动态过程。该系统根据评价指标体系监测安全系统的波动状态，识别波动的发展趋势，进行预先控制，以使安全系统始终处于"优"区间或趋向"优"状态。根据以上认识，航空维修安全预警系统的构建思路如图 6-5 所示。

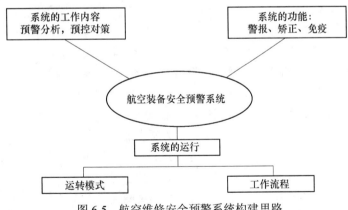

图 6-5　航空维修安全预警系统构建思路

　　航空维修安全预警系统在安全管理的技术基础、思维方式、内部要求、环境因素、监控手段等方面与过去相比都有很大的不同。它不仅要发挥和改善安全管理的常规功能，而且要创造新的管理功能，包括预报功能、矫正功能和免疫功能，以形成防错纠错新机制。具体地说，建设航空维修安全预警系统的目的是力图解决：航空维修安全系统内部行为人的内在局限性或失误的可能性；航空维修环境和飞机故障异常变化的成因和过程以及它们与人为失误之间的联系；飞机在不同因素和条件下发生事故的概率；航空维修安全管理在什么因素作用下可能出现失误；如何识别和诊断事故的征兆；如何有效预测和控制这些事故征兆发展趋势；如何运用有效的预控方法等问题。

2. 基于信息系统的预警机制的组织方式

为确保航空维修安全发展，切实提高装备维修保障力，依据预警运行原理，借鉴我国民航灾害预警管理的经验和做法，航空维修安全预警管理的组织系统在横向上应区分战略管理、执行管理和预警管理，视情建立危机管理机构。战略管理应由负责航空装备的综合计划部门、经费管理部门组成；执行管理部门应由负责航空装备型号或专业技术的业务部门组成；预警管理应由负责航空装备的质量安全、安全监察等部门组成。这些部门由负责航空维修安全的首长统一领导。航空维修安全预警管理的组织系统在纵向上应体现层次管理，即决策层、管理层和执行层。其中，决策层一般应由有关领导及主要职能部门负责人组成，对系统内的重大预警管理问题进行决策；管理层由专门行使预警管理职能的机构和人员组成，负责对系统内预警管理执行部门有关安全问题的实施、处理情况进行监督、检查与管理，并对获得的信息进行整理、分析、预测，向预警决策层反映问题，传输信息，提供决策依据；预警执行部门需要对所监测的对象进行长期的监督和预测，并及时向预警管理层反映情况，提供信息，对于一些安全重大问题，预警执行部门在向预警管理部门反映情况的同时，也可以通过信息传输渠道直接向决策层反映。在横向上完善职能、在纵向上形成层次的原则下，航空维修安全预警可以构造三级管理体系。三级管理体系由航空维修安全委员会、职能部门、执行部门组成。航空维修安全委员会是某一级的安全决策层；职能部门是某一级的安全监督层；执行部门是某一级安全保障层。

3. 基于信息系统的预警机制的技术结构

基于信息系统的预警机制的技术结构为航空维修安全信息收集、传输、处理、使用等活动过程提供技术支持，目的是通过对信息的管理，为航空维修管理部门提供有效的信息服务，以便实施有效的管理决策。该系统的工作流程，包括信息的收集、处理、存储、反馈与交换以及信息利用情况的跟踪，如图6-6所示。

航空维修安全信息要素主要解决基于信息的航空维修安全预警机制中需要收集和处理的那些信息，它是建立基于信息系统的预警机制的基础和前提。航空维修安全信息泛指在航空维修过程中出现的各类与安全有关的信息。由于航空维修安全涉及面广、影响因素多，因而其信息量庞大、种类繁多，不仅包括装备本身有关的信息，而且还包括人、维修环境，以及有关的政策、法规、标准等信息。总体来说，从横向来看，包括空军各类装备基本信息、人员信息等；从纵向来看，包括装备使用维修阶段的信息。

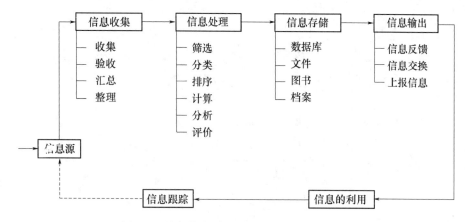

图 6-6 基于信息系统的预警机制的技术结构

航空维修安全预警系统的信息处理流程是系统工作流程的展开和具体化，其内容比较详细。预警人员根据日常记录完成指标数据的收集和录入工作，其数据采集处理流程如图 6-7 所示；系统根据指标信息对其进行分项评价，其评价处理流程如图 6-8 所示；预警人员针对各项评价结果，结合系统预控对策提示，制定并发布系统预警预控对策，其流程如图 6-9 所示。

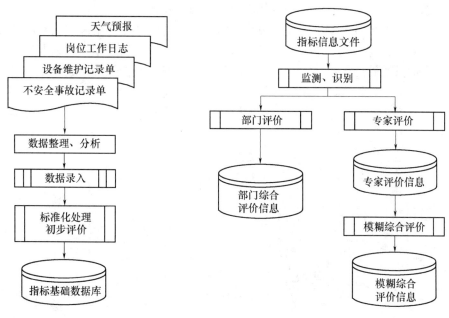

图 6-7 数据采集处理流程图   图 6-8 信息评价处理流程图

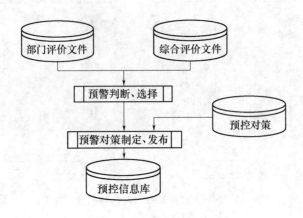

图 6-9　预警预控处理流程图

　　航空维修安全预警系统的运行模式是，航空维修安全预警系统中的预警功能，对航空维修事故征兆的不良趋势进行监测与识别，再加以诊断，在此基础上进行预控预防，以免其陷入危机状态。正确有效的预警管理将使安全劣性趋势转变为良性趋势；失效与错误的预警管理活动使安全劣性趋势加剧而步入危机状态，此时预警系统应把"维修事故"作为直接管理的对象，采取"危机管理"方式，直至维修安全活动恢复到正常状态。而此过程的结果与数据，将反馈到"监测信息系统"中，其信息分析的结果可以合理调整和优化到下一个循环过程的预警管理活动中。由此可见，航空维修安全预警系统的运行是一个由预警分析、预控对策、危机管理等环节构成的周而复始的循环过程，由此保障航空装备安全活动处于正常状态。航空维修安全预警系统的运行模式如图 6-10 所示。

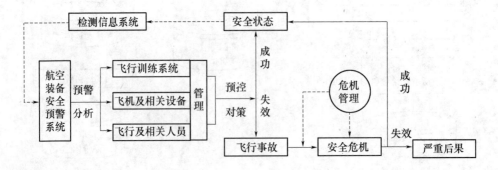

图 6-10　航空维修安全预警系统运行模式

6.3.2 安全态势评估与预测机制

1. 建立航空维修安全态势评估与预测机制的意义

航空维修安全态势评估与预测，就是根据掌握的航空维修过程中的各类信息，对安全态势进行系统、全面的评价和预测，并基于此划分不同的安全等级，以便指导各级机构及时采取应对措施。该部分的工作属于航空维修安全防范机制中"事先"控制部分。

在航空维修过程中，会不断出现威胁维修安全的各种因素，这些因素多数具有动态性，因此必须对航空维修安全整体态势进行科学、准确的分析评估与预测，并建立一个"安全态势评估与预测—危险源控制—特情处置与紧急救援"的循环链。这样做的意义主要表现在以下几个方面。

(1) 航空维修安全态势评估与预测是系统识别危险环节的重要手段。不同阶段，威胁航空维修安全的方向和重点是不同的，只有通过评估和预测，才能把握事件发生的规律和动态，全面系统地识别整体安全发展中的危险环节。

(2) 航空维修安全态势评估与预测是进行危险等级分类的重要基础。"维修安全等级的管理划分"是目前安全控制的一个重要方法，而航空维修安全态势评估与预测是实现这一方法的根本保证。根据航空维修安全态势评估和预测才能对事件的性质、范围、严重程度有更为系统深刻的认识，进而分析各种不安全因素发生的根本原因，制定针对危险源控制和管理的制度、标准和法规，提高安全源控制的效果。

(3) 航空维修安全态势评估与预测是对航空维修安全态势进行动态管理的必然要求。事物总是处于不断地运动变化中，航空维修安全态势也一样，只有结合航空维修实际进行航空维修安全态势的评估与预测，才能把握航空维修安全的总体趋势和内在规律，从而指导决策机关及时采取正确的措施，防止危险进一步发展和造成更大的损失。

2. 航空维修安全态势评估与预测的主要方法

对航空维修安全态势应当采用现代先进理论与方法，结合航空维修特点进行评估和预测。航空维修安全态势评估的关键环节主要有评估指标体系和权重的确定、评估指标特征值的量化、总体评估函数的确立等。应当采用先进的评估和预测理论进行安全态势评估与预测。目前常用的评估方法主要有专家评价法、层次分析法、模糊综合评估法、灰色评估法、多目标决策法等。常用的预测方法有数理统计法、灰色预测理论法等。

6.3.3 危险源防范控制机制

1．建立危险源防范控制机制的意义

危险源防范控制是对所识别出的威胁航空维修安全的各类危险源，根据评估和预测结果，有重点、有目标地采取有效控制措施。它属于航空维修安全防范机制中的"事中"控制部分。

建立危险源防范控制机制，是根据不同危险源的性质、范围和严重程度，尽可能避免各类危险源的进一步扩展而主动采取的有针对性的管理和技术措施。

建立危险源防范控制机制，可以识别出航空维修过程中各阶段影响安全的主要危险源，为危险源防范控制提供目标和方向，并根据各种危险源的不同特点，采取有针对性的危险源防范控制机制。

2．危险源控制的主要措施

一是加强危险源动态预报、监控、反馈组织体系建设。根据确定的危险源，明确组织机构、人员，落实岗位责任及协调关系，对危险源实施动态预报、监控、反馈，随时掌握危险源发生变化的情况和趋势。

二是制定相应的危险源等级标准。危险源等级是根据危险源发生的频度和造成的后果综合确定的，通过制定危险源等级标准，可以明确判定危险源变化的情况，并将具体情况向相关机构反映，以便及时采取措施。

三是加强危险源监控技术力量建设。危险源的发生、发展一般都要经历从量变到质量的过程，因此，信息数据的收集、处理、监控离不开技术手段的支持。尤其是对于航空维修这样技术含量较高的专业来说，加强危险源监控技术力量建设显得更加重要。

6.3.4 特情处置与紧急救援机制

1．建立特情处置与紧急救援机制的意义

尽管通过建立基于信息的航空维修安全预警机制、安全态势评估与预测机制、危险源控制机制等，可以极大地促进航空维修安全发展，但由于航空维修具有高风险的自身特性，出现威胁维修安全的因素随时随地都有可能发生，要保证发展的绝对安全是非常困难的，因此，建立特情处置与紧急救援机制，就成为航空维修安全保障体系中的重要组成部分。它属于航空维修安全防范机制中的"事后"控制部分。

建立特情与紧急救援机制，不仅能在出现特殊情况与紧急情况时，为有条不紊迅速启动相关措施提供有效保证，而且，对平时工作也具有极大的帮助，可以使人们明确各类安全因素之间的相互关系，预想特情处置与紧急救援方案，

防微杜渐，避免事故隐患。

2. 特情处置与紧急救援机制建设的内容

一是建立适合航空维修安全应急管理体系。应急管理体系是航空维修安全应急保障的重要内容，应急管理体系是否合理，直接关系到应急管理实施的效果。

二是建立准确、快速的预警机制。建立一套快速有效的应急预警、评估和预测通报机制，是实际处理突发事件成功的关键。

三是明确应急过程中的行政紧急权力的限制和法律机制。主要内容包括严格界定紧急状态的定义，同时，根据紧急状态涉及范围的大小、影响程度的严重与否，对紧急状态的启动进行分级管理。

四是明确宣布进入紧急状态的主体。紧急状态是否形成危险以及危险的程度，不同人会有不同的认识和判断，为了减少紧急状态确认的随意性，增加权威性和认同感，紧急状态的宣布主体必须是法定的权威机关。

五是对行使行政紧急权力的具体程序进行严格的规定。不但要规定启动行政紧急权的程序，而且还要规定撤销紧急状态的程序，同时要确保对紧急事实和危险程度判断的准确性，建立制约机制以防止权利滥用。

六是明确规定应急主管机关在紧急状态下的职责和义务，防止渎职和失职现象。为防止在关键时刻出现渎职和失职情况，必须明确规定应急主管机关的具体职责，为渎职和失职设定明确的法律后果，并建立有效的责任监督和追究机制。

第7章　航空维修安全文化

航空维修安全文化是安全文化、军事文化、机务文化、科技文化等在航空维修安全领域的交叉融合与发展，是广大维修人员在安全活动实践中所创造的有关精神财富和物质财富的总和，是推动部队安全发展的重要理论思想武器。加强航空维修安全文化建设，对于营造维修安全氛围，增强维修人员安全素质，保护维修人员的安全和身心健康，促进维修安全水平的提高具有重要作用。本章主要介绍航空维修安全文化的基本概念、航空维修安全文化的功能作用、航空维修安全文化的建设内容以及航空维修安全文化的管理机制等基本问题，为促进航空维修安全文化理论研究和实践应用奠定基础。

7.1　航空维修安全文化的基本概念

探索航空维修安全文化的发展规律，理清航空维修安全文化的功能作用，指导航空维修安全文化建设，首先要正确理解航空维修安全文化的基本概念。

7.1.1　安全文化的概念

由于对文化的不同理解，便产生了对安全文化的不同定义。目前对安全文化的定义有多种，这在安全文化理论的发展过程中是正常现象。

1986年，安全文化首次由国际原子能组织(IAEA)的国际核安全咨询组(INSAG)，在有关苏联切尔诺贝利核电站泄漏的事故报告中提出。该报告认为：安全文化理念的提出可以较好地解释导致该事故灾难产生的组织错误和员工违反操作规程的管理漏洞，并提出安全文化是存在于单位和个人中的种种素质和态度的总和。

1991年，国际原子能组织在维也纳召开"国际核能安全大会——未来的战略"，在《关于切尔诺贝利核电厂事故后审评会议的总结报告(第四版)》中明确了安全文化的定义和内涵：安全文化就是存在于单位和个人中的、关注安全问题优先权的种种特性和态度的总和；该文化强调组织内的双向沟通，即一方面是单位内部的必要体制和各管理部门的逐级责任制，另一方面是各级人员为响应上述体制并从中得益所持的态度。

1993 年，英国健康安全委员会(HSC)将该安全文化的定义修正为："个人和群体的价值观、态度、认知、能力、行为模式以及组织的安全健康管理方式和形象；积极的安全文化可表现为相互信任、共享对安全重要性的认知、对预防措施有效性的信任等特征"。

2002 年，道格拉斯·韦格曼等人将安全文化定义为由一个组织的各层次，各群体中的每一个人所长期保持的、对职工安全和公众安全的价值及优先性的认识。它涉及每个人对安全承担的责任，保持、加强和交流对安全关注的行动，主动从失误的教训中努力学习、调整和修正个人和组织的行为，并且从坚持这些有价值的行为模式中获得奖励等方面的程度。

以上对安全文化的定义具有如下共同点。

(1) 文化是观念、行为、物态的总和，既包含主观内涵，也包括客观存在。

(2) 安全文化强调人的安全素质，要提高人的安全素质需要综合的系统工程。

(3) 安全文化是以具体的形式、制度和实体表现出来的，并具有层次性。

(4) 安全文化具有社会文化的属性和特点，是社会文化的组成部分，属于文化的范畴。

(5) 安全文化的最重要领域是企业(行业)的安全文化，发展和建设安全文化，就要建设好企业(行业)安全文化。

随着安全内涵的深化、延伸与综合以及时代的进步，特别是大安全观的提出，安全文化的内涵也进一步深化与扩展。一般认为，安全文化是指人类在生产、生活、生存活动中，为保护身心安全与健康所创造的有关物质财富和精神财富的总和。

7.1.2 安全文化作用对象

安全文化是针对具体或者特定的对象而言的，很多行业都有其相应的安全文化素质要求，对于不同的对象，所要求的安全文化内涵、层次、水平有所不同。例如，维修管理人员的安全文化素质要求，强调的是安全观念、态度、安全法律法规与管理知识，这类人员应该建立的安全文化观念有安全第一的哲学观、以人为本的情感观、安全效益的经济观、预防为主的科学观等。不同的对象要求有不同的安全文化内涵，其具体的知识要通过安全教育和培训来建立。

安全文化其实早已不仅仅是一种文化的客观存在，而是一门内涵丰富、结构完整、研究对象明确的知识体系。它研究人类在生存、繁衍和发展的历程中，在生产、生活及实践活动的一切领域内，为保障人类身心安全与健康，并使其能安全、健康、舒适、高效地从事一切活动，预防、避免、控制、消除灾害和风险所创造的安全物质财富和安全精神财富。其重点是研究在自然环境和社会环境中保护人的身心安全与健康。

安全文化的研究对象突出了人本安全，其内涵包括为此目标而创造的安全物质条件和安全精神产品。突出了"以人为本"和"安全第一"的思想，是生存权、劳动权，珍惜生命、尊重人权的重要内容，也是推进社会物质文明和精神文明建设，保障社会安宁、稳定与可持续发展的大众文化。

7.1.3　安全文化作用范围

从社会层面上看，安全文化是指对人生命的尊重和对人价值的评价，以及对事故灾害的控制；从行业层面上看，它指一个组织对于安全和健康的价值观、期望、行为模式和守则；从个人层面看，它是指对他人、对家庭和对自身生命的责任感和价值观。因此，安全文化是一个广泛的概念，它包含的对象、领域、范围是广泛的。也就是说，安全文化的建设是全社会的，具有"大安全"的特征。虽然企业(行业)安全生产主要关心的是企业(行业)安全文化的建设，不可否认企业(行业)安全文化是安全文化最为重要的组成部分，企业(行业)安全文化与社会的公共安全文化是相互联系、相互作用的，因此，要从更大范畴来认识安全文化。

安全文化突出大安全观、大系统观、大协调观，思考和解决的问题是生产、生活、生存领域内人们从事一切活动的安全与健康问题。因此，从概念、内涵、领域、学科等方面看，安全文化已经有了历史性的拓展。它把灾害与风险看成是由自然的、人为的或两者共同作用的结果，提出建立和开发安全文化产业的构想和发展安全科技文化的计划，打破了安全(或事故)的时空局限，更加突出了从事一切活动的人的安全与健康，更加体现了以人为本、关爱生命、珍惜人生、尊重人权、保护人的思想。

安全文化保护了人，保护了人从事一切活动的安全与健康，预防、减少或控制灾害与事故，极大减少了人的伤亡，其结果是保护了生产力，发展了生产力、减少设备、设施的损失，减少原材料的损失，用低毒材料代替高毒材料，用无毒材料代替低毒材料，保护人员安全与健康，实质上是保护了生产力。不断提高人(劳动者)的安全文化素质和自护应急能力，关爱生命，尊重人权，保护人的安康也是极大的保护了生产力。因此，安全文化包含了保护、关心和增进先进生产力的基本内容。

各行各业由于其内部生产方式、人员素质、作业特点、经济发展水平及区域环境等因素，使安全文化呈现出独特的个体差异。因此，不能以一种标准对安全文化建设进行评判。安全文化的行业特点、地区差异，都是安全文化建设中的正常现象。这种现象本身就说明安全文化的丰富多彩，也说明不同领域就应该有不同样式的安全文化。单就军事装备安全文化建设来看，就涉及部队外部社会安全文化和部队内部安全文化。外部社会的安全文化有家庭、驻地、生活娱乐场所，以及所属行政管辖等方面的安全文化；内部的安全文化有工作环境、职能部门、不同岗位的安全文化。由此可见，安全文化涉及人类生产、生活及生存活动的一切领域，人们对安全文化的认识，已由传统的生产安全技术拓展到既非生产又非技术的领域；由自然科学领域拓展到社会科学领域，并由此而派生出许多新的学科，如安全法学、安全经济学、安全人机工效学、安全心理学、安全教育学、安全思维学、安全行为学、安全社会学、安全伦理学、安全文艺学、安全风险学、安全宇航学、安全减灾学、安全系统工程等。

安全文化是保护人民安全与健康的大众文化。只要有人存在，就有人从事生产、生存的活动，自然有保护人在活动中的安全与健康问题，也必然会成为继承先进安全文化的源泉和动力。任何时代、任何地域的安全文化，都是经过传继、优化、融合、发展而成的，既有时代特征，又反映人们对最新安全需求的新变化。

7.1.4 安全文化层次结构

从安全文化的定义中可以看出，安全文化可分为安全物质文化和安全精神文化两大范畴。就层次结构分类而言，又有三层次结构和四层次结构之分。三层次结构一般将安全文化分为安全物质文化、安全精神文化和安全观念文化；四层次结构一般将安全文化分为安全物质(物态)文化、安全制度(管理)文化、安全精神(智能)文化、安全价值及规范文化。有的学者将安全文化的四个层次有所调整，分为安全观念文化、安全行为文化、安全管理(制度)文化和安全物态文化。这些分法，都是为了让我们能够看清安全文化的上下四方，从空间结构上很好地把握安全文化的各种形态。不同的分法没有本质的区别，都是为了便于研究和利于实践。"两分法"简洁概括，"三分法"清楚明了，"四分法"便于掌握，利于操作。本书以"四分法"为例，并结合航空维修安全文化建设需要进行详细论述。

1. 安全观念文化

安全观念文化主要是指决策者和大众共同接受的安全意识、安全理念、安全价值标准。安全观念文化是安全文化的核心和灵魂，是形成和提高安全行为文化、制度文化和物态文化的基础。安全观念文化的具体体现如"预防为主"、"安全也是生产力"、"安全第一"、"安全就是效益"、"零事故"、"风险最小化"、"最适安全性"、"安全超前"、"安全管理科学化"等观念，同时还要有自我保护的意识，保险防范的意识，防患于未然的意识等。

2．安全行为文化

安全行为文化是指在安全观念文化的指导下，人们在生产和生活过程中所表现出来的安全行为准则、思维方式、行为模式等。安全行为文化既是观念文化的反映，同时又作用并改变观念文化。现代社会需要发展的安全行为文化是：进行科学的安全思维；强化高质量的安全学习和教育；执行严格的安全规范；进行科学的安全领导和指挥；掌握必需的应急自救技能；进行合理的安全操作等。

3．安全制度(管理)文化

安全制度(管理)文化又称为安全管理与法制文化。它是指劳动保护、劳动安全与卫生、交通安全、消防安全、装备安全、防灾减灾、环保等方面的一切制度和社会组织形式，以及和人的社会关系网络。从与安全有关的社会制度、法律制度、政策体制、经济体制以及教育科学体制，直至各种生产行业、各个社会的组织形式等，均属安全文化的制度层次。安全文化制度层次的变化对安全文化整体的充实、更新和发展往往能起决定性的作用，因为它具有实现社会聚合和社会控制的功能。

4．安全物态文化

安全物态文化又称安全器物文化，器物是文化概念中物质文化的重要内容，是科学思想和审美意识的物化。安全器物文化是人类因生产、生活、生存和求知的需求而制造并使用的各种防护或保护影响或伤害人类身心安全(含健康)的安全工具、器物和物品，即表层安全文化。它是安全文化发展的物质基础，也是安全文化发展历史和水平的标志，不同的器物代表了不同时代的安全文化水平。

安全观念文化是安全文化的精神层，也是安全文化核心层；安全行为文化和安全制度文化是中层部分；安全物态文化是表层部分，或称为安全文化的物质层。安全文化的层次结构如图 7-1 所示。

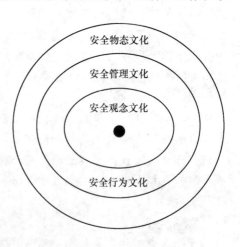

图 7-1　安全文化的层次结构图

7.1.5　安全文化基本特征

安全文化以保护人在从事各项活动中的身心安全与健康为目的，它以大安全观、大文化观为基础，是人们实现安全、健康、舒适、长寿、消灾免难的精神和物质的双重保障，是人类文化宝库中最重要、最宝贵的部分，它有如下基本特性。

1．系统性

安全是一项系统工程，安全文化作为现代安全管理的延伸和扩展，具有很强的系统性特征。安全文化强调文化建设的整体性，追求系统的和谐、协调和发展。系统中各个要素既相对独立又紧密联系地排列组合，表现了层次分明的结构特征。同时，安全文化运用文化手段将安全的最终目标内化为整个社会的价值系统，并通过价值系统的运动，实现目标。

2．人本性

安全文化的核心是实现人的安全价值，它的本质在于追求整个社会对安全价值观的认同。在创造文化的三要素(时间、空间、人)中，人是根本。人在生理、安全、社交、尊重和自我价值实现五个层次上的需求，形成了安全价值体系的需求和观念，安全文化的人本性在体系的运行轨迹中留下了"人格化"的烙印。

3．实践性

安全文化是人类安全生产、安全生活、安全生存的实践活动的产物，安全实践活动的经验和理论经过传播、继承、提炼和优化，又应用于实践，指导实践，使安全活动更有成效，并产生新的安全文化内容。没有安全文化的实践活动，就没有新的理论和现代安全科技方法和手段。当今正在发展的安全文化是否合理，是否能为大众所接受，是否有益于建立保障安全的长效机制，也需要实践来证明。只有经得起实践检验，并不断充实、优化、创新的安全文化，才是符合时代发展与需要的文化。因为真知源于实践，创新源于实践。没有大众安全文化的活动实践，安全文化就得不到优化和发展，安全文化就会成为无本之木、无源之水。大众的安全文化实践活动是安全文化丰富、发展的源泉和动力。

4．全面性

安全文化内涵广泛、丰富，几乎涉及了一切领域，涵盖了包括组织、个体在内的所有对象。安全文化在解决社会实践中的各种安全问题时，充分调动社会实践主体的积极性，强调全员、全方位、全过程的参与和控制，而摒弃了单纯的监督管理行为可能导致的片面性和间接性。

5．目标性

安全文化具有安全价值取向和目标取向，并为各方接受和认同，达成共识。它把经济效益、社会效益和环境保护有机结合起来，借助于个体、组织内外部的各种力量，以共同的价值观念为指导，以统一的行为规范为准则，实现既定目标。

6．可塑性

文化是可以继承和传播的，不同文化还可以在融合中创新。文化可为不同社会、不同民族、不同国家所接受，按时代的需求，按人们的特殊要求，可以让不同文化互相借鉴，优势互补，也可以进行融合再造，能动地、科学地、有意识和有目的地创造出一种理想的新文化。

7.1.6 航空维修安全文化的概念

根据安全文化的概念，结合航空维修安全的实际，借鉴企业安全文化、空军航空机务文化的定义方式，航空维修安全文化可表述为：航空维修安全文化是广大维修人员，在维修活动实践中，为保证维修安全，保护身心安全和健康所创造、传承和发展的有关精神财富和物质财富的总和。它是为全体维修人员所接受和遵循的，对航空维修系统的整体行为和维修人员的个人行为都起指导和约束作用的文化，是安全文化、军事文化、装备文化、科技文化等，在维修安全领域的交叉融合与发展，是实施维修安全管理不可或缺的重要手段，也是推动部队安全发展的重要理论思想武器。

理解航空装备安全文化这一概念应把握以下几点。

1．航空维修安全文化的创造主体是广大维修人员

维修安全文化并不是外来的、强加在广大维修人员头上的东西，而是一代又一代维修人员在长期的战斗、工作、学习、生活中创造、传承和发展的文化。航空维修安全文化虽然通过理论的形式表现出来，但它们却是广大航空维修人员汗水和心血的结晶。所以，广大航空维修人员，既是维修安全文化的创造者，又是维修安全文化的享有者和传播者。

2．航空维修安全文化是在长期的维修安全实践过程中，通过创造、传承和融合的途径形成并不断发展的

航空维修的发展史从某种意义上讲就是广大维修人员与航空事故作斗争的历史，在与事故灾害的斗争中，广大维修人员为提高维修的安全可靠性、预防事故灾害、保证人员的身心安全和健康，创造出丰富多彩的安全文化；航空维修安全文化融合继承了人类文化的优秀成果。中华民族五千年的民族文化、社会主义先进文化、我军军事文化、安全科学文化和空军安全文化以及外来文化都从不同角度、不同程度地对航空维修安全文化的产生和发展有着重要影响与作用。正是这些文化的激荡、集成、融合，汇入到航空维修安全文化的体系之中，构成了维修安全的文化渊源；航空维修安全文化凝聚着广大维修人员对维修安全基本规律的认识和对航空维修安全地位作用的现实感受，体现着航空维修人员深层次的精神追求、行为准则和优良传统。几十年来，航空维修安全文化从零散到系统，从自发到自觉，一路走来形成了具有空军航空维修特色的安全文化。如以"质量、责任、使命"为核心的维修保障理念，以"勇敢顽强、高度负责、科学维修"为支柱的行业精神等。

3. 航空维修安全文化形态具有层次性

从航空维修安全文化的形态看，其层次包括安全观念文化、安全行为文化、安全制度(管理)文化和安全物态文化。

4. 航空维修安全文化具有差异性

安全文化针对的对象不同，所要求的内涵、层次、水平也有所不同，这就是安全文化的差异性。对于航空维修系统的人员来说，安全文化作用的对象主要有五种：航空维修安全的主要责任人或维修安全的决策者；维修系统各级领导；安全管理专职人员；装备研制生产、使用维修的操作人员；职工家属。例如，对于航空维修安全的主要责任人的安全素质强调的是安全观念、态度、安全法规，对其不强调安全技能和安全的操作知识；维修安全决策者应建立的安全观念文化有：安全第一的哲学观；尊重人的生命与健康的情感观；安全就是战斗力、保障力的效益观；预防为主的科学观等。

从航空维修安全文化的建设空间来看，也有安全文化的领域体系问题，即装备科研、制造、维修等工作方式、作业特点、人员素质、区域环境等因素，形成了安全文化内涵和特点的差异性及典型性。既包括装备维修系统内部的安全文化(航空修理、机务、飞行等领域的安全文化)，也包括装备维修外部环境诸领域的安全文化(后勤技术勤务、营区等方面的安全文化)。从整体上认清航空维修安全文化的范畴，对建设安全文化具有重要的指导作用。

7.2　航空维修安全文化的功能作用

航空维修安全文化主要有安全认识的导向功能、安全合力的凝聚功能、安全行为的规范功能、安全知识的传播功能和以人为本的激励功能等。

7.2.1　航空维修安全文化的功能

1. 安全认识的导向功能

安全认识的导向功能是指维修安全文化对全体维修人员的引导和指引方向的作用。通过维修安全文化发展建设，通过不断地宣传和教育，使广大维修人员逐渐明白正确的安全意识、态度和信念，树立科学的安全道德、理想、目标、行为准则等，给使用维修活动提供正确的指导思想和精神力量，使广大航空维修人员都能懂得，自己的行为和习惯已成为维修活动的安全因素；通过维修安全文化建设的广泛发动、全员参与，形成个个当主人、人人担责任、大家抓预防的良好氛围。好的氛围，可以铸就一个好的传统，形成一个好的导向，从而规范维修人员的行为，让维修事故的发生失去滋生的土壤。

2．安全合力的凝聚功能

安全合力的凝聚功能是指把装备系统各部门、各类人员群体的价值观念、心理情感等聚合为一体，为追求共同的安全目标形成合力，使全体航空维修人员形成同心协力、努力拼搏、开拓前进的一种观念、行为和文化氛围。装备部门要通过安全文化知识的传播、宣传和教育，通过安全思想、意识、情感和行为规范的潜移默化，充分发挥安全文化对维修安全工作合力的特殊黏合、凝聚功能，通过点滴小事的积累和文化要素的渗透，使维修人员对安全发展的理解、追求和把握同部队的安全目标趋向一致。这种共同的价值取向，将个人与团队紧紧地联系在一起，使维修人员发扬优良传统，珍惜集体荣誉，凝聚成一股力量，共同履职尽责。

3．安全行为的规范功能

航空维修安全文化具有有形和无形的规范约束功能。有形的是国家、军队的法律法规，维修系统的条例、规程和制度，以及约束机制和管理办法等。无形的是维修系统部门、单位、人员群体的安全理念、认识和职业道德等，它能使有形的安全文化被普遍认同和遵守，形成一种自觉的约束力量，这种有效的"软约束"可削弱规章制度等"硬约束"对维修人员群体心理的冲撞，削弱其惯性心理，从而更加有利于规范维修人员的思想和行为，使航空维修安全的基础更加牢靠。尤其是通过维修安全文化的宣传和教育，会使维修人员加深对安全规章制度的理解和认识，从而提高其遵纪守法的自觉性。

4．安全知识的传播功能

通过安全文化的导向和教育功能，采用各种传统而有效的或现代的安全文化教育方式，对部队进行各种传统或现代的安全文化教育，包括各种安全常识、安全技能、安全态度、安全意识、安全法规等，从而广泛地宣传和传播安全文化知识与安全科学技术。

5．以人为本的激励功能

航空维修系统形成了正确的安全文化机制和浓厚的安全文化氛围，人的安全价值得到最大限度的尊重和保护，安全是所有航空维修人员最基本的需求，并受到相关法律法规的保护。在这样的条件下，航空维修人员的安全行为和活动将会从被动、消极的状态，变成一种自觉、积极的行动，使以人为本、珍惜生命成为一种基本理念和行为准则，使人与人、人与装备、人与社会之间达到高度和谐与友善，提高人生价值，保护人的进取精神，极大地增强维修安全的凝聚力。维修安全文化的作用，就是通过改变维修人员的思想、意识和习惯，提高维修人员的安全素质，实现从"消极保安全"向"科学保安全"的转变，最大限度地激发装备人员的内在动力，创造性地解决维修安全问题。

7.2.2 航空维修安全文化的作用

1．航空维修安全文化是空军装备文化的重要组成部分

航空维修安全文化是空军装备工作的重要组成部分，是航空兵作战的直接保障和构成战斗力的重要因素，是保证飞行安全的重要基础。航空维修在空军装备系统中的地位和作用，决定了航空维修安全文化在空军装备文化中的地位和作用。空军装备文化对航空机务文化的建设发展起着重要的作用。空军装备文化的发展，为航空维修安全文化的发展指明方向和提供动力；航空维修安全文化的发展丰富了空军装备文化的内涵；航空维修安全文化理论研究成果，为构建空军装备文化理论体系增添了素材。通过航空维修安全文化教化，提高广大航空维修人员的文化素质，改善机务文化环境，对于提升空军航空装备保障能力和作战能力，起着重要作用。

2．航空维修安全文化是航空维修系统的精神支撑

航空维修安全文化，凝聚着广大航空维修人员对航空维修的使命任务与基本规律的认知和现实感受，积淀着航空维修人员最深层的精神追求和行为准则，为航空维修系统建设和发展提供精神支撑。航空维修文化对航空维修系统建设和发展具有指导作用。航空维修的核心理念是"质量、责任、使命"。献身使命是当代革命军人核心价值观的主题，是践行忠诚于党、热爱人民、报效国家、崇尚荣誉的实际行动，是实现军人价值的根本途径。着眼航空维修行业特点，履行使命任务必须大力倡导和培育先进的、优秀的行业精神，实现航空装备使用保障和维护修理的高质量。"质量大于一切"、"责任重于一切"、"使命高于一切"，三个方面具有严谨的内在逻辑，构成一个整体，集中体现了广大航空维修人员的核心价值追求,对航空维修系统建设和发展有很强的指导作用。

航空维修安全文化对航空维修系统建设具有推动作用。这种推动作用是基于广大航空维修人员对价值追求的动力，而价值追求的动力则是来自军人的荣誉感和在航空维修工作岗位上建功立业的革命英雄主义精神和战斗精神。在航空维修文化建设中，结合航空维修实际，自觉践行社会主义荣辱观，加强培育军人崇尚荣誉的核心价值观，大力弘扬革命英雄主义精神和航空维修战斗精神，凝聚航空维修人员士气、激发战斗精神、锻造打赢能力，从而对航空维修系统建设发展产生巨大的推动作用。

3．航空维修安全文化是构成航空装备保障力的重要因素

航空装备保障力，其基础和硬实力是由保障资源(包括人力资源和物力资源)实力和技术实力构成的物质力量，但是也离不开航空维修安全文化力所构成的精神力量。航空维修安全文化力，主要是指航空维修安全文化的教育力、凝聚

力、指导力、推动力、规范力和创造力等。在现代社会中，文化与经济、政治相互交融的程度不断加深，与科学技术的结合日益紧密。在军事领域中，随着军事变革的深入发展，融入航空装备保障力的文化因素越来越多，航空维修安全文化对航空装备保障力和空军战斗力的影响也越来越大。航空维修安全文化作为航空机务系统的重要软实力，已经成为构成航空装备保障力的重要因素。加强航空维修安全文化建设，成为推进航空维修系统现代化建设和战斗力保障力提升的一项重要任务。

4. 航空维修安全文化建设是培养高素质新型航空维修人才的重要抓手

航空维修人员队伍是完成航空维修工作任务和推进航空维修系统发展建设的决定性力量。在新形势下，培养高素质新型航空维修人才已经提上航空维修人员队伍建设的重要日程。高素质新型航空维修人才，应当具有良好的全面素质、复合的知识结构和综合能力、较强的创新精神和创新能力。培养高素质新型航空维修人才，要依靠系统正规的教育训练、强有力的思想政治工作、科学的管理和有力的保障，同时也要充分重视和发挥航空维修安全文化在"以文化人"方面的独特作用，并且在教育训练、思想政治和管理、保障工作中，融入越来越多的文化因素，全面推动高素质航空维修人才培养。

每一种文化都有它独特的存在形式。通过一定的形式进行适宜的、富有针对性的文化教化，在培育航空维修人员的人生观、价值观方面起着强基固本的重要作用，是其他培养途径和手段无法替代的。航空维修人员自己营造的文化环境和喜闻乐见的文化生活，具有很强的吸引力、感染力，对提高航空维修人员素质，陶冶情操，形成良好风尚，能够产生潜移默化的影响和巨大作用。科技进步引发文化教化方式的深刻变革，信息技术和互联网在"以文化人"方面所蕴含的巨大潜能日益显现。这些因素使航空维修安全文化成为培养高素质新型航空维修人才的重要抓手，起着越来越重要的作用。

7.3　航空维修安全文化的建设内容

航空维修安全文化建设的内容非常丰富，就航空维修安全文化的静态结构来看，包括航空维修安全观念文化建设、行为文化建设、管理(制度)文化建设和物态文化建设等方面的内容。准确地理解和把握航空维修安全文化建设的主要内容，对于更好地建设、学习、弘扬和传播航空维修安全文化具有重要的意义。

7.3.1　航空维修安全观念文化

航空维修安全观念文化主要是指领导决策者和广大维修人员共同接受的安

全意识、安全理念、安全价值标准等，航空维修安全的观念文化是维修安全文化的核心和灵魂，是形成和提高维修安全行为文化、制度文化和物态文化的基础。目前，航空维修安全领域的观念文化主要有：预防为主的观念、质量第一的观念、安全第一的观念、以人为本的观念、安全也是战斗力的观念、安全超前的观念、安全管理科学化的观念，以及防患于未然的意识、安全防护意识等。航空装备安全观念文化建设，应当以当代革命军人(航空装备人员)核心价值观和"质量、责任、使命"为核心的安全保障理念的建立为重点。

1. 核心价值观

崇高的价值追求，是一个国家和民族走向振兴的航标，是一支军队立于不败之地的精神支柱。军委胡锦涛主席指出，要围绕强化官兵精神支柱，大力培育"忠诚于党、热爱人民、报效国家、献身使命、崇尚荣誉"的当代革命军人核心价值观。军人核心价值观集中体现了我军的性质和宗旨，决定了航空维修安全文化的性质和价值取向，是航空维修安全文化核心价值体系的灵魂，处于安全文化核心价值体系建设中的基础和主导地位，发挥着引领和支配作用。

2. 核心保障理念

航空维修安全文化体现的保障理念表现在多个方面，归纳总结后不难发现，它们总是与"质量、责任、使命"这六个字息息相关。事实上，广大航空维修人员自觉或不自觉地用"质量第一"、"责任重于泰山"、"使命高于一切"的保障理念统领航空维修安全工作的实践。

质量是安全的基础，安全是质量的体现，有了质量和安全，才能保证航空维修任务的顺利遂行和作战胜利，"质量第一"是航空维修安全文化首位的核心理念。航空维修安全工作应当围绕"质量第一"理念，全面加强装备的设计质量、制造质量、翻修质量、使用维修质量建设。形成"质量第一"氛围，使所有装备部门和全体人员树立"质量第一"的观念，树立质量就是生命，质量就是战斗力，质量就是保障力的观念，使航空维修质量要求成为航空维修人员的自觉行为。

责任一般是指自觉把应该做的事情做好的心理，属于道德科学的范畴，它表明个人在面临实现某种要求时所持的态度。所谓"责任重于泰山"就是要求航空维修人员要忠诚于党和人民的事业，热爱航空维修事业、安全观念，养成实事求是、尊重科学、严谨细致的工作作风，牢固树立对"国家财、战友安全、作战胜利"高度负责的精神，圆满完成各种任务，积极保证装备安全。航空维修人员的高度责任感源于他们对党和人民事业的无限忠诚，对航空维修事业的无限热爱；决定于航空维修工作的性质和内在要求。

新世纪新阶段，建设中国特色社会主义是全党全国人民的共同理想、党赋予我军历史使命，就是为实现这个共同理想服务。在军人核心价值观中，献身使命处于最高地位，航空维修安全工作的根本任务就是保障航空装备安全可靠地遂行作战训练任务，为空军履行历史使命，保证打得赢、不变质提供技术和思想保障。"使命高于一切"把航空维修安全文化的价值理念提高到最高层次。

7.3.2　航空维修安全行为文化

航空维修安全行为文化是指在安全观念文化的指导下，航空维修人员在维修活动中所表现出来的安全行为准则、思维方一式、行为模式等，通过人的精神状态、工作作风和风尚习俗等方面表现出来。航空维修安全行为文化既是安全观念文化的反映，同时又作用并改变安全观念文化。在航空维修的一切活动中，每项活动的安全状况都与参与者的行为有关。只有保证每一个参与者的行为安全，才能保证航空维修系统处于安全的良性发展状态。不安全行为是诱发众多航空维修事故的主要原因，因此，安全行为文化建设是航空维修安全文化建设的重中之重。国际安全咨询组(INSAG)提出安全文化，在很大程度上就是解决人在生产中的不安全行为问题的。

规范航空维修人员的行为，文化的作用是最积极、最有效的。航空维修安全文化建设要通过创造一种良好的安全人文氛围和协调的人机关系，对人的行为形成从无形到有形的影响，达到规范人的行为的目的。创建航空维修安全文化，安全行为文化是关键。航空维修安全行为文化的培育需要在从行为意识教育、行为规范、人机环境协调等方面做起，提高人的安全行为意识，控制、改善人的不安全行为，实现人与装备和环境的协调。具体实践中，可以从安全意识教育，制定规章制度、技术措施和作业规程，人性化界面设计、人机环境匹配设计入手。在航空装备跨越式发展的形势下，需要发展的安全行为文化主要是：进行科学的安全思维；强化高质量的安全学习；执行严格的安全规范；进行科学的安全管理与指挥，掌握必须的应急救援和自救技能；进行规范合理的安全操作；继承和发扬优良的工作作风和传统等。航空维修安全行为文化建设，应当以航空维修系统的行业精神、职业道德和优良的工作作风培育为重点。

1．行业精神

航空维修安全文化的行业精神，是具有航空维修行业特色的文化精神，它是航空维修安全核心价值观的直接体现，是维修人员心理品质的外在表现。在航空维修安全文化的行业精神中，要着重弘扬勇敢顽强的精神、极端负责的精神和严谨的科学精神。勇敢顽强精神主要表现是：革命英雄主义的气概、坚定的战斗意志、顽强拼搏的精神、过硬的心理素质等；极端负责的精神主要表现是："对战斗胜利负责，对战友生命负责，对国家财产负责"；严谨的科学精神主要包括：崇尚科学，尊重科学，依靠科学，按照客观规律办事等。

2. 职业道德

航空维修人员的安全职业道德是航空维修工作者在维修活动中维护国家、军队、集体和他人利益，人与人共同工作生活的道德规范和准则。它是从我军航空维修职业的特殊性质与特殊使命引出来的，既具有我军道德的共性特征，又有自己的个性特色，是共性与个性的统一，航空维修人员安全职业道德主要是"忠诚老实、极端负责、精心操作"。所谓忠诚老实，就是具有崇高的革命理想，忠诚于党和人民的事业，热爱航空维修职业，具有实事求是的思想作风，尊重科学，敬业诚信；极端负责，就是具有高度的责任感、使命感，严谨的科学态度和认真细致的工作作风，牢固树立章法观念，坚决完成任务，积极地保证维修安全；精心操作，就是具有精湛的业务技术，始终坚持质量第一，安全第一，一丝不苟、高标准、高质量地做好第一手工作，可靠地保证维修安全。

3. 工作作风

航空维修系统的优良工作作风是航空维修人员对待维修安全工作的态度、行为、品格的集中体现和科学概括。它反映了航空维修人员崇高的思想情操、极端负责的精神和坚强的意志，是航空维修人员品德的彰显、形象的体现。

在长期的航空维修工作实践中，航空维修系统各领域形成了优良的工作作风和维护作风，在保障维修质量安全方面起到积极作用。如以三个负责、三想、四到、四个一样、两化、三要"为内容的"夏北浩检查法"。三个负责：对战斗胜利负责，对战友安全负责，对国家财产负责。三想：工作前想上级的规定和要求，工作中想方法和步骤，工作后想有没有遗漏。四到：检查飞机该看的看到，该摸的摸到，该听的听到，该嗅的嗅到。四个一样：检查飞机时领导不在场和在场一样，冷天、热天和一般气候条件一样，飞行结束晚和结束早一样，飞机没有故障和有故障一样。两化：检查飞机路线化，操作程序化。三要：要积累经验摸规律，掌握渐变防突变；要做好经常性的维护保养工作；要对飞机了如指掌。如16字优良维护作风，即"认真负责、准确迅速、团结协作、刻苦耐劳"。以及我国民航东方航空公司积极倡导的"五种"作风，即"严肃认真，一丝不苟的严细作风；密切配合，团结协作的团队作风；实事求是，兢兢业业的实干作风；戒骄戒躁，积极进取的谦虚作风；脚踏实地，任劳任怨的干部作风。"

几十年的实践证明，优良作风是航空维修保障力和空军战斗力的重要因素，良好的作风催生战斗力，加强优良作风建设，必定出优良人才，出保障力和战斗力。随着时代发展、形势变化，要坚持不断地把培养优良作风作为航空维修安全行为文化建设的一项重要任务。

7.3.3 航空维修安全管理(制度)文化

航空维修安全的管理(制度)文化，是指与安全观念文化、行为文化和物态文化相适应的织织机构和规章制度的建立装备安全活动的实施与管理，以及围绕安全管理而形成的思想文化体系的总和。它对航空维修系统的组织或部门以及人员的行为产生规范性、约束性影响和作用。安全管理文化强调建立安全法制观念和安全意识，端正遵纪守法的法制态度，科学地制定安全法规、标准和规章，严格的执法程序和自觉的守法行为。同时，注重建立和完善科学的安全管理体制及合理的竞争、约束、激励机制，强化经济管理手段、安全教育方法及相关的安全规章制度、安全操作规程、安全工艺规范、安全技术标准等。

航空维修安全管理文化建设，应当结合航空维修系统自身的具体情况，充分考虑维修各类事故特点、人员文化素质状况、维修水平和安全技术因素、装备维修环境等条件，突出安全制度建设、安全管理机制建设，以及安全管理模式的创新。

1. 安全制度建设

航空维修安全制度建设包含两个方面内容：一是航空维修活动有关安全的法规、标准、制度、规程等；二是航空维修安全管理制度，主要包括安全管理的条例、条令、制度，细则以及防范措施、安全宣传培训制度、安全管理责任制及组织机构等。

2. 安全管理机制建设

航空维修安全制度要落实到工作上、行动上，必须建立健全安全管理组织体系，形成横向到边、纵向到底、高效运行的维修安全管理网络。航空维修安全工作通过管理网络，贯彻落实维修安全任务目标，层层落实安全责任制，强化现场管理，确保各项规程措施、规章制度落到实处。领导管理干部坚持现场跟班把好安全关，加大监督检查力度，杜绝人为误操作，保证装备维修安全；要建立健全教育激励机制，通过教育引导、荣誉激励、利益诱导、榜样示范，主导人的价值趋向，优化人的行为方式，培育安全文化氛围，在潜移默化中强化安全意识，逐步形成"人人讲安全，事事讲安全，时时讲安全"的氛围，使广大维修人员逐步实现从"要我安全"到"我要安全"的思想跨越，进一步升华到"我会安全"的境界。特别要抓好具有空军装备特色的教育奖励机制，如百日安全竞赛、优胜机组评比、争做"双十佳"(十佳优秀机务人员、十佳机务中队)活动，以维修人员岗位津贴、发现事故隐患奖励制度为核心的奖励机制等。通过航空维修安全管理机制建设，形成关系顺畅、运行高效的安全监督、约束、激励和评价机制，促进维修安全长效机制的形成。

3. 安全管理模式创新

摒弃传统的"事后"管理思维定势，根据航空维修的发展和安全技术的进步，深入贯彻全系统全寿命管理思想，开展全员全要素全过程安全管理，积极发展完善"预防型"和"系统型"安全管理模式；充分发挥安全文化在管理中的作用，大力发展"以人为本"的人性化管理新模式，人性化管理是近年来国际上新兴起的一种管理模式，从理论上看，人性化管理是管理学与伦理学的融合，是将"利用人"的工具理论与"为了人"的价值理性相结合，把人作为管理活动的核心，尊重人的本性，满足人的合理需求，激发人的热情，调动人的积极性，发挥人的创造性。人性化管理模式的建立，应当把装备人员的工作环境好不好，人员的心情舒不舒畅，人员的价值得没得到实现，人员的积极性、创造性得没得到发挥作为衡量的标准。要把关心人、尊重人、理解人、帮助人作为出发点和立脚点。

7.3.4 航空维修安全物态文化

航空维修安全物态文化是安全文化的表层部分，其概念有广义和狭义之分。广义的航空维修安全物态文化，是指为保证航空维修安全所形成的物质成果的总和，狭义的概念是指体现维修安全的观念、行为文化等精神文化的物质载体，是形成装备观念文化和行为文化的条件。从维修安全物态文化中往往能体现出航空维修系统组织或部门领导的安全认识和态度，反映出维修安全管理的理念和哲学，折射出维修安全行为文化的成效。所以说物质既是文化的体现，又是文化发展的基础。

对于航空维修系统来说，安全物态文化主要体现在装备维修技术与管理过程的本质安全化。维修设备的本质安全化，包括维修设备的稳定性和可靠性，以及安全装置的有效性和可靠性等；维修环境的本质安全化，包括使用维修创造良好的作业环境和条件，以及维修安全形象文化标志、安全文化环境和安全文化产品等。

航空维修安全形象文化标志、安全文化环境和安全文化产品等，作为维修安全文化的硬件部分，是表现航空维修安全观念文化、行为文化、管理文化的物质形体和手段，对于形成浓厚的安全文化氛围，增强全体人员的安全文化认同感具有重要作用。航空维修安全形象文化标志主要包括维修系统的名称标志、象征物、歌曲、文艺作品和纪念性建筑等；航空维修安全文化环境主要包括维修工作环境、办公环境、安全文化传播环境等；航空维修安全文化产品主要包括有关的歌曲、音乐、美术、戏剧、舞蹈、小品等舞台艺术产品，电影、电视剧、MTV 等影视艺术作品，画刊、报纸、杂志、书籍等文化出版物。航空维修安全物态文化建设，要充分体现安全观念文化、行为文化、管理文化的内涵，做到形式与内容的统一。要加强领导，制定建设标准和计划，加大投入，分步骤按阶段实施。

7.4 航空维修安全文化的管理机制

管理机制是指管理系统各组成部分和各要素之间相互联系、相互作用的过程和方式。在航空维修安全文化建设的管理机制中，起主要作用的是齐抓共管机制、目标管理机制和分类管理机制，在实施中要把它们结合起来，发挥综合效能。

7.4.1 齐抓共管机制

齐抓共管机制是为了保障两个以上管理机构为达到同一目标在完成共同任务中相互联系、相互作用的过程和方式。航空维修安全文化建设之所以需要建立齐抓共管的机制，是由航空机务文化建设领导体制的特点决定的。航空维修安全文化建设的领导体制从纵向上看，从空军、军区空军到航空兵师(飞行学院)，是政治机关和装备机关两条线上下贯通；从横向上看，每一级政治机关及下属宣传部门，装备机关及下属外场部门，在本级航空机务文化建设的领导和管理上，都需要通过齐抓共管的机制来组织协调，形成合力。

为保证齐抓共管机制的有效运行，应当发挥航空维修安全文化建设领导小组的作用。根据工作需要，对领导小组的职责作出规定，并建立相应的工作制度。在航空维修安全文化建设中，在航空机务文化建设领导小组的领导下，机关各有关部门要主动沟通，互相适应，搞好协调，密切协同，做好航空机务文化建设的组织、指导和保障工作。

组织实施航空维修安全文化建设的团以下航空机务建制单位，要统筹安排各项工作任务，妥善处理航空维修安全文化建设与维修保障、战备训练、思想教育、行政管理等工作的关系，军政主官要步调一致，密切配合，齐心协力推进航空维修安全文化建设，把航空维修安全文化融入空军文化、融入航空维修安全工作，使其落地生根，不断增强本单位的航空维修综合保障力，推动部队中心工作和各项任务的完成。

7.4.2 目标管理机制

目标管理机制是在完成航空维修安全文化建设任务中，通过制定目标管理体系来控制本单位建设和每个成员行为的管理过程和方式。目标管理是面向预定目标的管理，是重视建设成果的管理和重视人的管理。实施目标管理，单位的全体成员都应参加目标管理体系的制定，使每个成员在工作中都实行自我控制，努力实现自己的工作目标。这对于动员全体成员参与管理，提高全体成员完成航空维修安全文化建设任务的责任心和积极性，提高管理水平和建设质量效益有积极作用。目标管理过程，分为目标管理体系的制定阶段、实施阶段和实施结束后的考核评价阶段。实施过程中应当根据每个阶段的特点，抓住关系全局的关键环节，做好管理工作。

在目标管理体系制定阶段，要发扬民主，科学决策。制定目标管理体系，应当根据空军制定的航空维修安全文化建设总体目标和上级的要求，结合本单位具体情况，首先确定本单位航空维修安全文化建设的总目标，然后根据总目标，按建设过程阶段划分可分别制定若干阶段性目标，按建设内容可分别制定若干分目标，按单位组织结构可分别制定若干层次目标，形成一个全员、全过程、多层次的工作目标管理体系，把建设总目标落实到每一项建设任务和每一个成员。在确定目标管理体系和研究落实措施的过程中，要充分听取广大航空维修人员的意见和建议，群策群力，科学决策。

在目标管理体系的实施阶段，要加强检查指导，实施反馈控制。各级机关和领导干部要有计划地组织调研和检查，掌握文化建设的进展情况，发现问题要及时组织研究；发挥专家组的作用，给予咨询和具体指导；对普遍性和影响较大的问题，要及时予以纠正；基层单位保障条件方面的问题和困难，要及时采取措施予以解决；发现好的做法和经验，要加以推广，促进文化建设协调发展，整体推进。

在考核评价阶段，要正确评价，做好总结。目标管理体系实施一个阶段或全部结束，对航空维修文化建设目标实现效果进行考核评价，是目标管理机制中一个非常重要的工作环节。为了做好考评工作，首先要根据目标管理体系及其实施情况，研究制定考评体系和考评标准，使考评能客观正确地反映、评价航空机务文化建设目标体系的实现情况。考评方法通常可采用自我评价和考评小组考核评价相结合的方法。在进行考评的基础上，要做好总结。一要实事求是地对考评单位实现文化建设目标的情况作出客观公正的评价，肯定成绩和指出问题；二要根据成绩优劣，以奖励为主，研究提出奖惩方案；三要总结经验，探索文化建设规律和改进目标管理方法，指导下一步建设。

7.4.3 分类管理机制

分类管理机制是针对大系统的各个子系统的特点而分别进行管理的过程和方式。分类管理机制有助于提高管理的针对性，提高管理效益。实施分类管理的同时，不要忽略各子系统之间的相互关系和对大系统的综合作用，应当与大系统的整体管理结合起来。从航空维修安全文化建设的内容来看，包括航空维修安全精神文化建设、制度文化建设、行为文化建设和物质载体建设四个方面，每一个方面又包含多项内容。不同的建设内容，形成和发展的规律不同，建设的侧重点不同，采用的方法也不尽相同。

比如，航空维修安全精神文化建设，在理论创新阶段，要尊重群众的首创精神，充分发挥专家和文化骨干的作用，在理论研究上下功夫。对于提出的文化思想理论，要通过有组织地传播和教化，使广大航空机务人员能够普遍理解接受，融入到航空维修工作和日常生活中去，化为自觉行动，在提高自身文化素养和航空维修系统综合保障力上见成效。对航空维修制度文化和行为文化建设，要夯实思想基础，不断加深对规章制度和行为准则所蕴含的文化精神的理解，强调身体力行，注重习惯养成，持之以恒，形成风尚。对航空维修文化物质载体建设，要着眼彰显航空维修总体形象，与部队整体文化环境保持和谐。应用分类管理机制，应当针对上述内容的不同特点，在建设中分别采取针对性措施。

从航空维修安全文化建设的进程来看，各项建设内容的基础不同，积淀多少不同，所处的建设阶段也不同，在建设中需要区别对待，分类管理，不能一刀切。比如，航空维修核心价值内容，集中反映了航空维修文化的优良传统，在整个航空维修文化建设中处于统领和支配地位，应当作为最重要的建设任务，着力在传播教化和融入转化上下功夫、见成效。而航空维修安全主题文化的建设进程，从整体来看，目前还处于搭架子、上路子的起始阶段，需要紧贴当前空军转型建设、完成多样化军事任务的航空维修保障需求和部队担负的任务，抓住牵动全局的主要问题，集中力量，探索规律，重点突破，扎实推进。

从航空维修安全文化建设的发展形势来看，各单位担负的任务和具体情况不同，航空维修安全文化建设也各有特点，发展形势也不平衡，采用分类管理方法，也有利于因地制宜，讲求实效。

参 考 文 献

[1] 冯练兵，谭国斌. 墨菲定理在预防操作失误中的应用[J].导弹实验技术，2002,2:3-4.

[2] 王计宪. 军用航空装备维修安全[M]. 北京：航空工业出版社，2009.

[3] 文毅荣. 航空公司维修过程管理系统的设计与实现[D].电子科技大学,2011.

[4] 李涛. 航空维修差错分析方法与差错数据管理系统研究[D]. 国防科学技术大学,2011.

[5] 于晓欢. 基于风险管理的航空维修安全管理机制研究[D]. 沈阳航空航天大学,2010.

[6] James Reson, Alan Hobbs. 维修差错管理 [D]. 徐建新，贾宝惠，等译. 北京：中国民航出版社，2007.

[7] 王端民. 航空维修质量与安全管理[M]. 北京：国防工业出版社，2008.

[8] 王端民. 航空维修保障安全管理理论及应用[J]. 空军工程大学工程学院，2011.

[9] 张执国. 空军装备安全管理[M]. 空军工程大学，2010.

[10] 王卫旭，雷晓凌. 航空维修人为差错理论分类和对比研究[J]. 航空维修与工程，2011.

[11] 端木京顺，常洪，等. 航空装备安全学[M]. 北京：国防工业出版社，2010.

[12] 张凤鸣，郑东良，吕振中. 航空装备科学维修导论[M]. 北京：国防工业出版社，2006.

[13] 李学忠. 空军安全发展论[M]. 北京：国防工业出版社，2008.

[14] 道格拉斯 A.维格曼，斯科特 A.夏佩尔. 飞行事故人的失误分析——人的因素分析与分类系统[M].北京：中国民航出版社，2006.

[15] James Reason，Alan Hobbs. 维修差错管理[M]. 北京：中国民航出版社，2007.

[16] M.S.帕坦卡尔，J.C.泰勒. 航空维修中的风险管理与差错减少[M]. 北京：中国民航出版社，2007.

[17] 李瑞迁. 空军航空机务学[M]. 北京：国防大学出版社，2005.

[18] 班永宽. 航空事故与人为因素[M]. 北京：中国民航出版社，2002.

[19] 徐柏龄. 前车之鉴——新中国民航飞行安全回顾与思考[M]. 北京：中国民航出版社，1999.

[20] 拉里.里斯麦尔. 维修与维修人员[M]. 北京：中国民航出版社，2003.